高职高专计算机任务驱动模式教材

网络工程与组网技术

贾如春　主编　　乔治锡　刘明忠　副主编

清华大学出版社
北京

内容简介

全书共分为四个项目，分别介绍了组建局域网、组建 IP 网络、组建安全网络、使用应用层协议。主要内容包括 VLAN 技术的基本概念、VLAN 路由技术、生成树协议、VRRP 技术、以太网端口技术、IP 路由原理、静态路由技术、动态路由协议、RIP 路由协议、OSPF 路由协议、网络安全技术、防火墙技术、ACL 技术、NAT 技术、VPN 技术、DHCP 协议、DNS 协议、FTP/TFTP 协议、HTTP 协议、SMTP/POP3 协议等。

本书可作为本科和高职高专院校计算机专业计算机网络课程的教材使用，也可作为从事网络工程领域工作的相关技术人员的参考用书。

本书封面贴有清华大学出版社防伪标签，无标签者不得销售。
版权所有，侵权必究。举报：010-62782989，beiqinquan@tup.tsinghua.edu.cn。

图书在版编目（CIP）数据

网络工程与组网技术/贾如春主编.--北京：清华大学出版社，2015（2024.8重印）
高职高专计算机任务驱动模式教材
ISBN 978-7-302-39003-9

Ⅰ.①网… Ⅱ.①贾… Ⅲ.①计算机网络—高等职业教育—教材 Ⅳ.①TP393

中国版本图书馆 CIP 数据核字（2015）第 013570 号

责任编辑：张龙卿
封面设计：徐日强
责任校对：袁 芳
责任印制：杨 艳

出版发行：清华大学出版社
    网 址：https://www.tup.com.cn，https://www.wqxuetang.com
    地 址：北京清华大学学研大厦 A 座 邮 编：100084
    社 总 机：010-83470000 邮 购：010-62786544
    投稿与读者服务：010-62776969，c-service@tup.tsinghua.edu.cn
    质量反馈：010-62772015，zhiliang@tup.tsinghua.edu.cn
    课件下载：https://www.tup.com.cn，010-83470410

印 装 者：三河市人民印务有限公司
经 销：全国新华书店
开 本：185mm×260mm 印 张：12.5 字 数：295 千字
版 次：2015 年 2 月第 1 版 印 次：2024 年 8 月第 8 次印刷
定 价：39.00 元

产品编号：062253-02

编审委员会

主　　任：杨　云

主任委员：（排名不分先后）

张亦辉　高爱国　徐洪祥　许文宪　薛振清　刘　学　刘文娟
窦家勇　刘德强　崔玉礼　满昌勇　李跃田　刘晓飞　李　满
徐晓雁　张金帮　赵月坤　国　锋　杨文虎　张玉芳　师以贺
张守忠　孙秀红　徐　健　盖晓燕　孟宪宁　张　晖　李芳玲
曲万里　郭嘉喜　杨　忠　徐希炜　齐现伟　彭丽英　贾如春

委　　员：（排名不分先后）

张　磊　陈　双　朱丽兰　郭　娟　丁喜纲　朱宪花　魏俊博
孟春艳　于翠媛　邱春民　李兴福　刘振华　朱玉业　王艳娟
郭　龙　殷广丽　姜晓刚　单　杰　郑　伟　姚丽娟　郭纪良
赵爱美　赵国玲　赵华丽　刘　文　尹秀兰　李春辉　刘　静
周晓宏　刘敬贤　崔学鹏　刘洪海　徐　莉　高　静　孙丽娜

秘 书 长：陈守森　平　寒　张龙卿

出版说明

我国高职高专教育经过十几年的发展,已经转向深度教学改革阶段。教育部于 2006 年 12 月发布了教高[2006]第 16 号文件《关于全面提高高等职业教育教学质量的若干意见》,大力推行工学结合,突出实践能力培养,全面提高高职高专教学质量。

清华大学出版社作为国内大学出版社的领跑者,为了进一步推动高职高专计算机专业教材的建设工作,适应高职高专院校计算机类人才培养的发展趋势,根据教高[2006]第 16 号文件的精神,2007 年秋季开始了切合新一轮教学改革的教材建设工作。该系列教材一经推出,就得到了很多高职院校的认可和选用,其中部分书籍的销售量都超过了 3 万册。现重新组织优秀作者对部分图书进行改版,并增加了一些新的图书品种。

目前国内高职高专院校计算机网络与软件专业的教材品种繁多,但符合国家计算机网络与软件技术专业领域技能型紧缺人才培养培训方案,并符合企业的实际需要,能够自成体系的教材还不多。

我们组织国内对计算机网络和软件人才培养模式有研究并且有过一段实践经验的高职高专院校,进行了较长时间的研讨和调研,遴选出一批富有工程实践经验和教学经验的双师型教师,合力编写了这套适用于高职高专计算机网络、软件专业的教材。

本套教材的编写方法是以任务驱动、案例教学为核心,以项目开发为主线。我们研究分析了国内外先进职业教育的培训模式、教学方法和教材特色,消化吸收优秀的经验和成果。以培养技术应用型人才为目标,以企业对人才的需要为依据,把软件工程和项目管理的思想完全融入教材体系,将基本技能培养和主流技术相结合,课程设置中重点突出、主辅分明、结构合理、衔接紧凑。教材侧重培养学生的实战操作能力,学、思、练相结合,旨在通过项目实践,增强学生的职业能力,使知识从书本中释放并转化为专业技能。

一、教材编写思想

本套教材以案例为中心,以技能培养为目标,围绕开发项目所用到的知识点进行讲解,对某些知识点附上相关的例题,以帮助读者理解,进而将知识转变为技能。

考虑到是以"项目设计"为核心组织教学,所以在每一学期配有相应的实训课程及项目开发手册,要求学生在教师的指导下,能整合本学期所学的知识内容,相互协作,综合应用该学期的知识进行项目开发。同时,在教材中采用了大量的案例,这些案例紧密地结合教材中的各个知识点,循序渐进,由浅入深,在整体上体现了内容主导、实例解析、以点带面的模式,配合课程后期以项目设计贯穿教学内容的教学模式。

二、丛书特色

本系列教材体现目前工学结合的教改思想,充分结合教改现状,突出项目面向教学和任务驱动模式教学改革成果,打造立体化精品教材。

(1) 参照和吸纳国内外优秀计算机网络、软件专业教材的编写思想,采用本土化的实际项目或者任务,以保证其有更强的实用性,并与理论内容有很强的关联性。

(2) 准确把握高职高专软件专业人才的培养目标和特点。

(3) 充分调查研究国内软件企业,确定了基于Java和.NET的两个主流技术路线,再将其组合成相应的课程链。

(4) 教材通过一个个的教学任务或者教学项目,在做中学,在学中做,以及边学边做,重点突出技能培养。在突出技能培养的同时,还介绍解决思路和方法,培养学生未来在就业岗位上的终身学习能力。

(5) 借鉴或采用项目驱动的教学方法和考核制度,突出计算机网络、软件人才培训的先进性、工具性、实践性和应用性。

(6) 以案例为中心,以能力培养为目标,并以实际工作的例子引入概念,符合学生的认知规律。语言简洁明了、清晰易懂,更具人性化。

(7) 符合国家计算机网络、软件人才的培养目标;采用引入知识点、讲述知识点、强化知识点、应用知识点、综合知识点的模式,由浅入深地展开对技术内容的讲述。

(8) 为了便于教师授课和学生学习,清华大学出版社正在建设本套教材的教学服务资源。在清华大学出版社网站(www.tup.com.cn)免费提供教材的电子课件、案例库等资源。

高职高专教育正处于新一轮教学深度改革时期,从专业设置、课程体系建设到教材建设,依然是新课题。希望各高职高专院校在教学实践中积极提出意见和建议,并及时反馈给我们。清华大学出版社将对已出版的教材不断地修订、完善,提高教材质量,完善教材服务体系,为我国的高职高专教育继续出版优秀的高质量的教材。

清华大学出版社
高职高专计算机任务驱动模式教材编审委员会
2014年3月

前 言

21世纪是信息化的世纪,随着社会信息化、计算机技术和通信技术的迅速发展和相互渗透、数据的分布式处理、各类计算机资源的共享应用的迅速发展,计算机网络已成为当今最热门的学科之一,各种电信和互联网新技术推动了人类文明的巨大进步,在过去的几十年里取得了长足的发展,尤其是在近十几年来得到了更高速的发展。企业的发展对计算机网络的依赖性将越来越高,未来掌握精尖网络技术的人才将越来越受欢迎。

21世纪是一个数字化、网络化、信息化的社会,随着Internet/Intranet(因特网/企业内部网)在世界范围内的迅速普及、电子商务变得日益普遍,计算机网络必将改变人们的生活、学习、工作乃至思维方式,对科学、技术、政治、经济乃至整个社会将会产生巨大的影响,每个国家的经济建设、社会发展、国家安全乃至政府的高效运转都将越来越依赖于计算机网络。本书为使学生能对"计算机网络应用技术"课程奠定扎实的基础,从理论知识入手,以现实网络工程实践项目为基础,结合编者多年从事各种厂商认证培训以及网络工程实际项目的经验编写而成。

本书详细介绍了计算机网络工程与实际组网过程中的知识理论基础、实际应用案例以及最新技术。本书从设计思想、结构和方法上力求做到深入浅出、通俗易懂。从内容选择上,我们一方面以ISO/OSI参考模型为背景介绍了计算机网络的基本概念、原理和设计方法。另一方面以TCP/IP协议族为线索详细讨论了各种常用的网络互联协议和网络应用协议,并讨论了网络管理和网络安全。

全书共分为四个项目。项目一为"组建局域网"。介绍了VLAN技术的基本概念、VLAN路由技术、生成树协议、VRRP技术和以太网端口技术。项目二为"组建IP网络"。内容包括IP路由原理、静态路由技术、动态路由协议、RIP路由协议、OSPF路由协议等实战网络技术。项目三为"组建安全网络"。内容包括网络安全技术、防火墙技术、ACL技术、NAT技术、VPN技术。项目四为"使用应用层协议"。主要内容包括DHCP协议、DNS协议、FTP/TFTP协议、HTTP协议、SMTP/POP3协议等网络服务器管理技术。全书根据现有网络系统解决方案编写,结合实际应用案例,从而引导学生独立完成网络服务的搭建。

本书由具有多年网络工程、智能楼宇弱电工程等项目工程经验和长期的思科、华为等知名厂商认证培训教学经验的贾如春老师和一线教师乔治锡、刘明忠编写,贾如春负责总体策划设计及统稿,乔治锡、刘明忠、常村红参与了本书实验内容的编写并完成了相关资料的搜集工作,同时感谢学院各位老师对本书提出的修改意见。

由于计算机网络技术发展非常迅速,涉及的知识面较广,加之编者水平有限,虽经编者艰苦努力,但书中难免有错漏之处,欢迎广大读者批评、指正。

编　者

2014 年 10 月

目 录

项目一 组建局域网

任务一 VLAN 技术的基本概念 ………………………………………… 3

    任务描述 ……………………………………………………………… 3
    相关知识 ……………………………………………………………… 3
    1.1 VLAN 技术简介 …………………………………………………… 3
    1.2 VLAN 的类型 ……………………………………………………… 4
    1.3 VLAN 技术原理 …………………………………………………… 7
    1.4 VLAN 接口类型 …………………………………………………… 9
    1.5 VLAN 的基本配置 ………………………………………………… 11
    任务实施 ……………………………………………………………… 12
    任务总结 ……………………………………………………………… 14
    习题 …………………………………………………………………… 14

任务二 VLAN 路由技术 …………………………………………………… 15

    任务描述 ……………………………………………………………… 15
    相关知识 ……………………………………………………………… 15
    2.1 VLAN 的问题 ……………………………………………………… 15
    2.2 VLAN 间通信的解决方式 ………………………………………… 16
        2.2.1 每个 VLAN 用一个物理连接 …………………………… 16
        2.2.2 单臂路由 …………………………………………………… 16
        2.2.3 三层交换 …………………………………………………… 17
    2.3 VLAN 间通信的基本配置 ………………………………………… 18
    任务实施 ……………………………………………………………… 18
    任务总结 ……………………………………………………………… 21
    习题 …………………………………………………………………… 21

任务三 生成树协议 ………………………………………………………… 22

    任务描述 ……………………………………………………………… 22

相关知识 ··· 22
  3.1 二层环路问题 ··· 22
  3.2 STP 原理 ·· 24
  3.3 STP 报文 ·· 28
  3.4 STP 端口状态 ··· 29
  3.5 STP 基本配置 ··· 30
任务实施 ··· 31
任务总结 ··· 34
习题 ·· 34

任务四 VRRP 技术 ··· 35

任务描述 ··· 35
相关知识 ··· 35
  4.1 VRRP 协议简介 ·· 35
  4.2 VRRP 产生的背景 ·· 36
    4.2.1 VRRP 协议原理 ··· 36
    4.2.2 VRRP 协议报文 ··· 38
    4.2.3 VRRP 协议状态机 ······································· 39
  4.3 VRRP 工作方式 ·· 40
    4.3.1 VRRP 主备切换 ··· 40
    4.3.2 VRRP 安全 ··· 42
  4.4 VRRP 基本配置 ·· 42
任务实施 ··· 42
任务总结 ··· 43
习题 ·· 43

任务五 以太网端口技术 ······································· 44

任务描述 ··· 44
相关知识 ··· 44
  5.1 自动协商 ·· 44
  5.2 流量控制 ·· 45
  5.3 端口聚合 ·· 46
  5.4 端口镜像 ·· 49
任务实施 ··· 50
任务总结 ··· 52
习题 ·· 53

项目二　组建 IP 网络

任务六　IP 路由原理 ·· 57
　任务描述 ·· 57
　相关知识 ·· 57
　　6.1　什么是路由 ··· 57
　　6.2　路由原理 ··· 58
　　　6.2.1　路由的来源 ·· 60
　　　6.2.2　路由的优先级 ·· 62
　　　6.2.3　路由的度量值 ·· 63
　　　6.2.4　路由的选路规则 ·· 64
　　　6.2.5　负载均衡 ··· 64
　　　6.2.6　路由的环路 ·· 65
　任务实施 ·· 65
　任务总结 ·· 67
　习题 ··· 67

任务七　静态路由技术 ·· 68
　任务描述 ·· 68
　相关知识 ·· 68
　　7.1　静态路由概述 ·· 68
　　7.2　静态路由的配置 ·· 69
　任务实施 ·· 69
　任务总结 ·· 71
　习题 ··· 71

任务八　动态路由协议 ·· 72
　任务描述 ·· 72
　相关知识 ·· 72
　　8.1　动态路由协议概述 ·· 72
　　8.2　路由协议分类 ·· 72
　　8.3　路由协议之间的互操作 ·· 74
　　8.4　路由协议的性能指标 ·· 74
　任务总结 ·· 74
　习题 ··· 74

IX

任务九　RIP 路由协议 ·· 75

任务描述 ·· 75
相关知识 ·· 75
9.1　RIP ·· 75
9.1.1　概述 ·· 75
9.1.2　协议工作过程 ·· 76
9.2　协议自身的问题及改进 ·· 79
9.3　配置举例 ·· 82
任务实施 ·· 83
任务总结 ·· 89
习题 ·· 89

任务十　OSPF 路由协议 ·· 90

任务描述 ·· 90
相关知识 ·· 90
10.1　OSPF 概述 ·· 90
10.2　OSPF 协议工作过程 ·· 91
10.3　OSPF 协议报文 ·· 93
10.4　邻居和邻接 ·· 93
10.5　接口的网络类型 ·· 95
10.6　DR 选举 ·· 98
10.7　区域划分 ·· 99
10.8　路由引入 ·· 101
任务实施 ·· 103
任务总结 ·· 106
习题 ·· 107

项目三　组建安全网络

任务十一　网络安全技术 ·· 111

任务描述 ·· 111
相关知识 ·· 111
11.1　网络安全概述 ·· 111
11.2　网络安全常用技术 ·· 112
任务总结 ·· 113
习题 ·· 113

任务十二　防火墙技术 … 114

任务描述 … 114
相关知识 … 114
12.1　防火墙的分类 … 114
12.2　安全区域 … 115
12.3　ASPF … 116
12.4　攻击防范 … 117
任务实施 … 117
任务总结 … 119
习题 … 120

任务十三　ACL技术 … 121

任务描述 … 121
相关知识 … 121
13.1　什么是访问控制列表 … 121
13.2　ACL的定义方法 … 121
13.3　ACL的使用方法 … 123
任务实施 … 123
任务总结 … 125
习题 … 126

任务十四　NAT技术 … 127

任务描述 … 127
相关知识 … 127
14.1　地址转换技术背景 … 127
14.2　地址转换原理 … 128
任务实施 … 130
任务总结 … 137
习题 … 137

任务十五　VPN技术 … 138

任务描述 … 138
相关知识 … 138
15.1　VPN概述 … 138
15.2　IPSec概述 … 139
任务实施 … 142
任务总结 … 148
习题 … 148

项目四 使用应用层协议

任务十六 DHCP 协议 ... 151
任务描述 ... 151
相关知识 ... 151
16.1 DHCP 协议简介 ... 151
16.2 DHCP 的报文格式 ... 152
16.3 DHCP 协议报文的作用 ... 154
16.4 DHCP 工作过程 ... 155
16.5 DHCP 中继 ... 157
16.6 DHCP 的相关配置 ... 158
任务实施 ... 159
任务总结 ... 162
习题 ... 162

任务十七 DNS 协议 ... 163
任务描述 ... 163
相关知识 ... 163
17.1 DNS 协议概述 ... 163
17.2 DNS 域名结构 ... 164
17.3 DNS 域名解析过程 ... 165
任务总结 ... 166
习题 ... 166

任务十八 FTP/TFTP 协议 ... 167
任务描述 ... 167
相关知识 ... 167
18.1 FTP/TFTP 协议概述 ... 167
18.1.1 FTP 协议介绍 ... 167
18.1.2 FTP 中的连接 ... 168
18.1.3 FTP 数据传输方式 ... 168
18.1.4 TFTP 协议介绍 ... 170
18.1.5 TFTP 数据传输过程 ... 170
18.2 FTP/TFTP 配置 ... 171
18.2.1 FTP 配置 ... 171
18.2.2 TFTP 配置 ... 173
任务总结 ... 173

习题 ··· 173

任务十九 HTTP 协议 ·· 174

任务描述 ··· 174
相关知识 ··· 174
 19.1 Web 概述 ·· 174
 19.2 HTTP 协议概述 ·· 174
任务总结 ··· 175
习题 ··· 175

任务二十 SMTP/POP3 协议 ··· 176

任务描述 ··· 176
相关知识 ··· 176
 20.1 电子邮件概述 ·· 176
 20.2 SMTP 协议 ··· 176
 20.3 POP3 协议 ·· 177
任务实施 ··· 177
任务总结 ··· 180
习题 ··· 180

参考文献 ·· 181

项目一

组建局域网

 知识概要

- ★ VLAN 技术的基本概念
- ★ VLAN 路由协议
- ★ 生产树协议
- ★ VRRP 技术
- ★ 以太网端口技术

 技能概述

- ★ 二层 VLAN 组网
- ★ 三层交换实现互联
- ★ STP 任务实施
- ★ VRRP 实现设备备份
- ★ 以太网端口技术任务实施

项目一

组建园区网

知识概要

★ VLAN 技术的基本概念
★ VLAN 路由技术
★ 静态路由
★ VRRP 技术
★ 以太网端口技术

技能概要

任务一　VLAN 技术的基本概念

任务描述

某企业有四个部门,分别为市场部、研发中心、售后部、财务部。情景如下:要求建立网络,使市场部、研发中心之间可以相互通信,售后部与财务部之间可以相互通信。其他部门进行隔离。

传统的共享介质和交换式的以太网中,所有的用户在同一个广播域中,会引起网络性能的下降,浪费宝贵的带宽资源,而且广播对网络性能的影响随着广播域的增大而迅速增强。此时唯一的途径就是重新划分网络,把单一结构的大网络划分成逻辑相互独立的小网络。

1.1　VLAN 技术简介

1. VLAN 的定义

VLAN(Virtual Local Area Network)的中文名为"虚拟局域网"。VLAN 是一种将局域网设备从逻辑上划分成一个个网段,从而实现虚拟工作组的新兴数据交换技术。这一新兴技术主要应用于交换机和路由器中,但主流应用还是在交换机之中。但不是所有交换机都具有此功能,只有 VLAN 协议的第二层以上交换机才具有此功能,这一点查看相应交换机的说明书即可得知。

2. VLAN 的作用与目的

早期的局域网(LAN)技术是基于总线型结构,它存在以下主要问题。

➢ 若某个时刻有多个节点同时试图发送消息,那么它们将产生冲突。

➢ 从任意节点发出的消息都会被发送到其他节点,形成广播。

➢ 所有主机共享一条传输通道,无法控制网络中的信息安全。

IEEE 于 1999 年颁布了用于标准化 VLAN 实现方案的 802.1Q 协议标准草案。VLAN 技术的出现,使得管理员根据实际应用需求,把同一物理局域网内的不同用户逻辑地划分成不同的广播域,每一个 VLAN 都包含一组有着相同需求的计算机工作站,与物理上形成的 LAN 有着相同的属性。由于它是从逻辑上划分,而不是从物理上划分,所以同一个 VLAN 内的各个工作站没有限制在同一个物理范围中,即这些工作站可以在不同物理

LAN网段。由VLAN的特点可知，一个VLAN内部的广播和单播流量都不会转发到其他VLAN中，从而有助于控制流量，减少设备投资，简化网络管理，提高网络的安全性。

为减少广播，需要在没有互访需求的主机之间进行隔离。路由器是基于三层IP地址信息来选择路由，其连接两个网段时可以有效抑制广播报文的转发，但成本较高。因此人们设想在物理局域网上构建多个逻辑局域网，即VLAN。

VLAN将一个物理的LAN在逻辑上划分成多个广播域（多个VLAN）。VLAN内的主机间可以直接通信，而VLAN间不能直接互通。这样，广播报文被限制在一个VLAN内，同时提高了网络安全性。

例如，同一个写字楼的不同企业客户，若建立各自独立的LAN，企业的网络投资成本将很高；若共用写字楼已有的LAN，又会导致企业信息安全无法保证。采用VLAN，可以实现各企业客户共享LAN设施，同时保证各自的网络信息安全。

图1-1是一个典型的VLAN应用组网图。3台交换机放置在不同的地点，比如写字楼的不同楼层。每台交换机分别连接3台计算机，它们分别属于3个不同的VLAN，比如不同的企业客户。在图中，一个虚线框内表示一个VLAN。

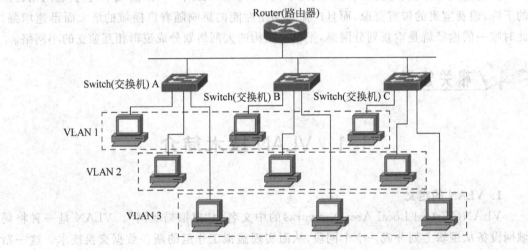

图1-1　VLAN的典型应用

1.2　VLAN的类型

VLAN的类型也可以理解为VLAN划分的方式，下面我们将逐一介绍。

1. 基于端口划分VLAN（见图1-2）

（1）原理：根据交换设备的端口编号来划分VLAN。网络管理员给交换机的每个端口配置不同的PVID（Port VLAN ID，端口默认的VLAN ID），即一个端口默认属于的VLAN。当一个数据帧进入交换机端口时，如果没有带VLAN标签，且该端口上配置了PVID，那么，该数据帧就会被打上端口的PVID。如果进入的帧已经带有VLAN标签，那么交换机不会再增加VLAN标签，即使端口已经配置了PVID。对VLAN帧的处理由端口类型决定。

(2)优点:定义成员简单。
(3)缺点:成员移动需重新配置 VLAN。

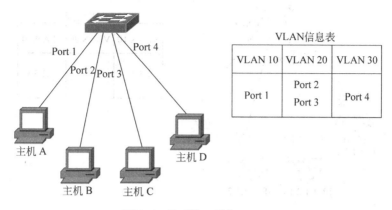

图 1-2 基于端口划分 VLAN

2. 基于 MAC 地址划分 VLAN(见图 1-3)

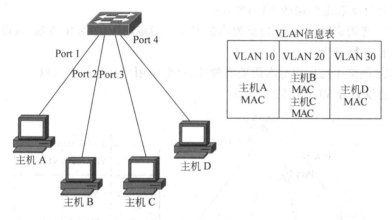

图 1-3 基于 MAC 地址划分 VLAN

(1)原理:这种划分 VLAN 的方法是根据每个主机的 MAC 地址来划分,即对每个 MAC 地址的主机都配置它属于哪个组。这种划分 VLAN 方法的最大优点就是当用户物理位置移动时,即从一个交换机换到其他的交换机时,VLAN 不用重新配置,所以,可以认为这种根据 MAC 地址的划分方法是基于用户的 VLAN。这种方法的缺点是初始化时,所有的用户都必须进行配置,如果有几百个甚至上千个用户,配置是非常麻烦的。而且这种划分的方法也导致了交换机执行效率的降低,因为在每一个交换机的端口都可能存在很多个 VLAN 组的成员,这样就无法限制广播包了。另外,对于使用笔记本电脑的用户来说,他们的网卡可能经常更换,这样,VLAN 就必须不停地配置。

(2)优点:当终端用户的物理位置发生改变,不需要重新配置 VLAN。提高了终端用户的安全性和接入的灵活性。

(3)缺点:只适用于网卡不经常更换、网络环境较简单的场景中。另外,还需要预先定义网络中的所有成员。

3. 基于子网划分 VLAN（见图 1-4）

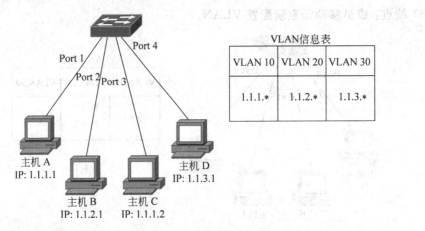

图 1-4　基于子网划分 VLAN

（1）原理：如果交换设备收到的是 untagged（不带 VLAN 标签）帧，交换设备根据报文中的 IP 地址信息来确定添加的 VLAN ID。

（2）优点：将指定网段或 IP 地址发出的报文在指定的 VLAN 中传输，减轻了网络管理者的任务量，且有利于管理。

（3）缺点：网络中的用户分布需要有规律，且多个用户在同一个网段。

4. 基于协议划分 VLAN（见图 1-5）

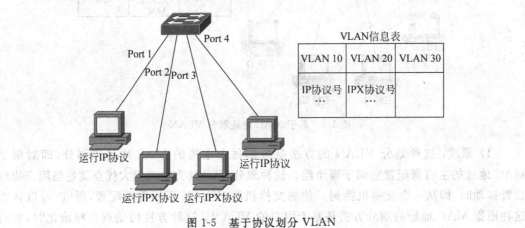

图 1-5　基于协议划分 VLAN

（1）原理：根据接口接收到的报文所属的协议（族）类型及封装格式来给报文分配不同的 VLAN ID。网络管理员需要配置以太网帧中的协议域和 VLAN ID 的映射关系表，如果收到的是 untagged（不带 VLAN 标签）帧，则依据该表添加 VLAN ID。目前，支持划分 VLAN 的协议有 IPv4、IPv6、IPX、AppleTalk（AT），封装格式有 Ethernet Ⅱ、802.3 raw、802.2 LLC、802.2 SNAP。

（2）优点：基于协议划分 VLAN，将网络中提供的服务类型与 VLAN 相绑定，方便管理和维护。

（3）缺点：需要对网络中所有的协议类型和 VLAN ID 的映射关系表进行初始配置。

5. 基于匹配策略划分 VLAN（见图 1-6）

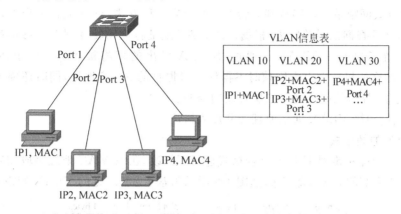

图 1-6　基于匹配策略划分 VLAN

（1）原理：基于 MAC 地址、IP 地址、接口组合策略划分 VLAN 是指在交换机上配置终端的 MAC 地址和 IP 地址，并与 VLAN 关联。只有符合条件的终端才能加入指定的 VLAN。符合策略的终端加入指定的 VLAN 后，严禁修改 IP 地址或 MAC 地址，否则会导致终端从指定 VLAN 中退出。

（2）优点：安全性非常高，基于 MAC 地址和 IP 地址成功划分 VLAN 后，禁止用户改变 IP 地址或 MAC 地址。与其他 VLAN 划分方式相比，基于 MAC 地址和 IP 地址组合策略划分 VLAN 是优先级最高的 VLAN 划分方式。

（3）缺点：针对每一条策略都需要手工配置。

当设备同时支持多种方式时，一般情况下，优先使用顺序为：基于组合策略（优先级别最高）→基于子网→基于协议→基于 MAC 地址→基于端口（优先级别最低）。目前常用的是基于端口的方式。

1.3　VLAN 技术原理

VLAN 技术为了实现转发控制，在待转发的以太网帧中添加 VLAN 标签，然后设定交换机端口对该标签和帧的处理方式。处理方式包括丢弃帧、转发帧、添加标签、移除标签，如图 1-7 所示。

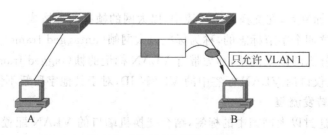

图 1-7　VLAN 通信基本原理

转发帧时,通过检查以太网报文中携带的 VLAN 标签是否为该端口允许通过的标签,可判断出该以太网帧是否能够从端口转发。假设有一种方法,将 A 发出的所有以太网帧都加上标签 5,此后查询二层转发表,根据目的 MAC 地址将该帧转发到 B 连接的端口。由于在该端口配置了仅允许 VLAN 1 通过,所以 A 发出的帧将被丢弃。以上意味着支持 VLAN 技术的交换机转发以太网帧时不再仅仅依据目的 MAC 地址,同时还要考虑该端口的 VLAN 配置情况,从而实现对二层转发的控制。

下面,我们围绕 VLAN 通信原理展开深入讨论。

1. VLAN 的帧格式

IEEE 802.1Q 标准对 Ethernet 帧格式进行了修改,在源 MAC 地址字段和协议类型字段之间加入 4 字节的 802.1Q Tag,如图 1-8 所示为基于 802.1Q 的 VLAN 帧格式。

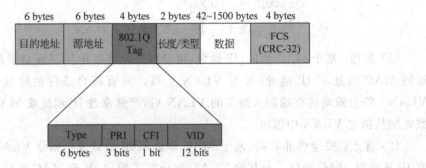

图 1-8 基于 802.1Q 的 VLAN 帧格式

802.1Q Tag 包含 4 个字段,其含义如下。

- Type:长度为 2 字节,表示帧类型。取值为 0x8100 时表示 802.1Q Tag 帧。如果不支持 802.1Q 的设备收到这样的帧,会将其丢弃。
- PRI:Priority 的缩写,长度为 3 比特,表示帧的优先级,取值范围为 0~7,值越大优先级越高。当交换机阻塞时,优先发送优先级高的数据帧。
- CFI:Canonical Format Indicator 的缩写,长度为 1 比特,表示 MAC 地址是否是经典格式。CFI 为 0 说明是经典格式,CFI 为 1 表示为非经典格式。用于区分以太网帧、FDDI(Fiber Distributed Digital Interface)帧和令牌环网帧。在以太网中,CFI 的值为 0。
- VID:即 VLAN ID,长度为 12 比特,表示该帧所属的 VLAN。可配置的 VLAN ID 取值范围为 0~4095,但是 0 和 4095 在协议中规定为保留的 VLAN ID,不能给用户使用。

使用 VLAN 标签后,在交换网络环境中,以太网的帧有两种格式。

- 没有加上这四个字节标志的,称为标准以太网帧(untagged frame)。
- 有四字节标志的以太网帧,称为带有 VLAN 标记的帧(tagged frame)。

另外,本书仅仅讨论 VLAN 标签中的 VLAN ID,对于其他字段暂不做研究。

2. VLAN 的转发流程

VLAN 技术通过以太网帧中的标签,结合交换机端口的 VLAN 配置,实现对报文转发的控制。假设交换机有两个端口 A 与 B,从某端口 A 收到以太网帧,如果转发表显示目的 MAC 地址存在于 B 端口下。引入 VLAN 后,该帧是否能从 B 端口转发出去,有以下两个关键点。
> 该帧携带的 VLAN ID 是否被交换机创建？

创建 VLAN 的方法有两种，管理员逐个添加或通过 GVRP 协议自动生成。

> 目的端口是否允许携带该 VLAN ID 的帧通过？

端口允许通过的 VLAN 列表，可以由管理员添加或使用 GVRP(GARP VLAN Registration Protocol)协议动态注册。

整个转发过程参考图1-9。

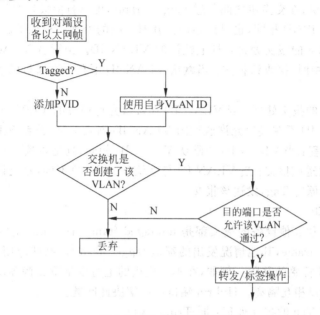

图 1-9　VLAN 转发流程

转发过程中，标签操作类型有两种。
> 添加标签：对于 untagged frame，添加 PVID，在端口收到对端设备的帧后进行。
> 移除标签：删除帧中的 VLAN 信息，以 untagged frame 的形式发送给对端设备。

【注意】　正常情况下，交换机不会更改 tagged frame 中的 VLAN ID 的值。某些设备支持的特殊业务，可能提供更改 VLAN ID 的功能，此内容不在本书讨论范围之内。

1.4　VLAN 接口类型

为了提高处理效率，交换机内部的数据帧一律都带有 VLAN Tag，以统一方式处理。当一个数据帧进入交换机端口时，如果没有带 VLAN Tag，且该端口上配置了 PVID(Port Default VLAN ID)，那么该数据帧就会被标记上端口的 PVID。如果数据帧已经带有 VLAN Tag，那么即使端口已经配置了 PVID，交换机也不会再给数据帧标记 VLAN Tag。

由于端口类型不同，交换机对帧的处理过程也不同。下面根据不同的端口类型分别介绍。

1. Access 端口

一般用于连接主机，对于帧的处理如下。

对接收不带 Tag 的报文处理：接收该报文，并打上默认 VLAN 的 Tag。

对接收带 Tag 的报文处理：当 VLAN ID 与默认 VLAN ID 相同时，接收该报文；当 VLAN ID 与默认 VLAN ID 不同时，丢弃该报文。

发送帧处理过程：先剥离帧的 PVID Tag，然后再发送。

2. Trunk 端口

用于连接交换机，在交换机之间传递 tagged frame，可以自由设定允许通过多个 VLAN ID，这些 ID 可以与 PVID 相同，也可以不同。其对于帧的处理过程如下。

对接收不带 Tag 的报文处理：打上默认的 VLAN ID。当默认 VLAN ID 在允许通过的 VLAN ID 列表中时，接收该报文；当默认 VLAN ID 不在允许通过的 VLAN ID 列表里时，丢弃该报文。

对接收带 Tag 的报文处理：当 VLAN ID 在接口允许通过的 VLAN ID 列表中时，接收该报文；当 VLAN ID 不在接口允许通过的 VLAN ID 列表中时，丢弃该报文。

发送帧处理过程：当 VLAN ID 与默认 VLAN ID 相同，且是该接口允许通过的 VLAN ID 时，去掉 Tag，发送该报文；当 VLAN ID 与默认 VLAN ID 不同，且是该接口允许通过的 VLAN ID 时，保持原有 Tag，发送该报文。

3. Hybrid 端口

Access 端口发往其他设备的报文都是 untagged frame，而 trunk 端口仅在特定情况下才能发出 untagged frame，其他情况发出的都是 tagged frame。某些应用中，可能希望能够灵活地控制 VLAN 标签的移除。例如，在本交换机的上行设备不支持 VLAN 的情况下，希望实现各用户端口相互隔离。Hybrid 端口可以解决此问题。

> 对接收不带 Tag 的报文处理：同 Trunk 端口。
> 对接收带 Tag 的报文处理：Trunk 端口。
> 发送帧处理过程：当 VLAN ID 是该接口允许通过的 VLAN ID 时，发送该报文。可以通过命令设置发送时是否携带 Tag。

最后，我们将以上内容汇总成表 1-1。

表 1-1 端口类型对比

端口类型	接收帧（IN）		发送帧（OUT）
	不带有 Tag	带有 Tag	
Access	打上本接口 PVID 后，接收	检查该帧所携带的 VID 是否与接口 PVID 相同。"是"接收；"否"丢弃	剥离 Tag 后，发送
Trunk	打上接口 PVID，并检查该 PVID 是否为接口允许的 VLAN ID。"是"直接接收；"否"丢弃	检查该帧所携带的 VID 是否为接口允许的 VLAN ID。"是"直接接收；"否"丢弃	检查该帧所携带的 VID 是否为接口允许的 VLAN ID "否"丢弃 / "是"则检查该帧所携带的 VID 是否与接口 PVID 相同。相同则剥离 Tag 后发送；"否"则直接发送

续表

端口类型	接收帧(IN)		发送帧(OUT)
	不带有 Tag	带有 Tag	
Hybrid	同 Trunk	同 Trunk	检查该帧所携带的 VID 是否为接口允许的 VLAN ID "否"丢弃 "是"则检查是否配置剥离 Tag。 如果配置则剥离 Tag 后发送 否则直接发送
备注	对于接口允许的 VLAN ID 的配置。 ➤ Trunk：port trunk allow-pass vlan {{vlan-id1 [to vlan-id2]}&<1-10>|all} 匹配以上 VID 的帧将被允许通过该接口 ➤ Hybrid：port hybrid untagged vlan {{vlan-id1 [to vlan-id2]}&<1-10>|all} 匹配以上 VID 的帧将被允许通过该接口,且在发送时剥离 Tag port hybrid tagged vlan {{vlan-id1 [to vlan-id2]}&<1-10>|all} 匹配以上 VID 的帧将被允许通过该接口,且发送时保留 Tag 默认情况下,只有 VLAN 1 被允许。若接口为 hybrid,则属性为 untagged		

在介绍完端口类型后,还需要说明的是,VLAN 内的链路分为接入链路(Access Link,一般为连接用户主机和交换机的链路)与干道链路(Trunk Link,一般为连接交换机和交换机的链路),如图 1-10 所示。对于上述各端口类型,Access 端口只能连接接入链路,Trunk 端只能连接干道链路,Hybrid 端口既可以连接接入链路又可以连接干道链路。

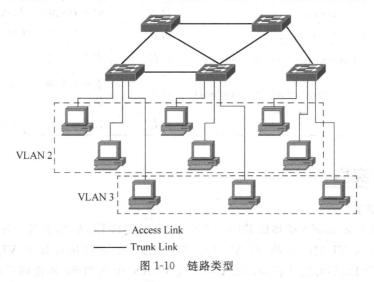

图 1-10　链路类型

1.5　VLAN 的基本配置

基于端口划分 VLAN 是最简单、最有效也是最常见的划分方式。本小节主要介绍 VLAN 基本配置的常用命令,如表 1-2 所示。

表 1-2　VLAN 基本配置常用命令

常用命令	视图	作用
vlan *vlan-id* VLAN ID 的范围为 1～4096	系统	创建 VLAN，进入 VLAN 视图
vlan batch{*vlan-id1* [to *vlan-id2*]}&<1-10>	系统	批量创建 VLAN
interface *interface-type interface-number*	系统	进入指定接口
port link-type{access|hybrid|trunk|dot1q-tunnel}	系统	配置 VLAN 端口属性
port default vlan *vlan-id*	接口	将 Access 端口加入指定 VLAN 中
port *interface-type*{*interface-number1* [to *interface-number2*]}&<1-10>	VLAN 中	批量将 Access 端口加入指定 VLAN 中
port trunk allow-pass vlan{{*vlan-id1* [to *vlan-id2*]}&<1-10>|all}	接口	配置允许通过该 Trunk 接口的帧
port trunk pvid vlan *vlan-id*	接口	配置 Trunk 接口默认 VLAN ID
port hybrid untagged vlan{{*vlan-id1* [to *vlan-id2*]}&<1-10>|all}	接口	指定发送时剥离 Tag 的帧
port hybrid tagged vlan{{*vlan-id1* [to *vlan-id2*]}&<1-10>|all}	接口	指定发送时保留 Tag 的帧
undo port hybrid vlan{{*vlan-id1* [to *vlan-id2*]}&<1-10>|all}	接口	移除原先允许通过该 HYBRID 接口的帧
port hybrid pvid vlan *vlan-id*	接口	配置 HYBRID 接口默认 VLAN ID
display vlan [*vlan-id* [verbose]]	所有	查看 VLAN 相关信息
display interface[interface-type [interface-number]]	所有	查看接口信息
display port vlan[interface-type [interface-number]]	所有	查看基于端口划分 VLAN 的相关信息
display this	所有	查看该视图下的相关配置

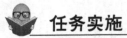

任务实施

1. 组网要求

如图 1-11 所示，SWA 的接口 E0/0/24 与 SWB 的接口 E0/0/24 相连。SWA 的两个下行接口分别加入 VLAN 10 和 VLAN 20。SWB 的一个下行接口加入 VLAN 20。要求 VLAN 10 内的 PC 能够互相访问，VLAN 10 与 VLAN 20 内的 PC 不能够互相访问。

2. 配置思路

采用如下的思路配置 VLAN。

（1）创建 VLAN，规划员工所属的 VLAN。

（2）配置端口属性，确定设备连接对象。

（3）关联端口和 VLAN。

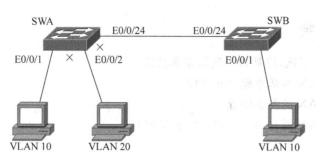

图 1-11　配置拓扑

3. 数据准备

为完成此配置例，需准备如下的数据。

（1）SWA 的接口 E0/0/1 属于 VLAN 10，E0/0/2 属于 VLAN 20，E0/0/24 为 Trunk，允许 VLAN 10、VLAN 20 通过。

（2）SWB 的接口 E0/0/1 属于 VLAN 10，E0/0/24 为 Trunk，允许 VLAN 10、VLAN 20 通过。

4. 操作步骤

（1）配置 SWA

＃创建 VLAN 10、VLAN 20。

```
[SWA]vlan batch 10 20
```

＃配置端口属性。

```
[SWA]interface Ethernet 0/0/1
[SWA-Ethernet0/0/1]port link-type access
[SWA-Ethernet0/0/1]port default vlan 10
[SWA-Ethernet0/0/1]quit
[SWA]interface Ethernet 0/0/2
[SWA-Ethernet0/0/2]port link-type access
[SWA-Ethernet0/0/2]port default vlan 20
[SWA-Ethernet0/0/2]quit
[SWA]interface Ethernet 0/0/24
[SWA-Ethernet0/0/24]port link-type trunk
[SWA-Ethernet0/0/24]port trunk allow-pass vlan 10 20
```

（2）配置 SWB

＃参考 SWA 的配置，过程略。

5. 验证配置结果

各个 PC 配置 IP 地址，在同一网段即可。VLAN 10 内的 PC 可以互相 PING 通，而 VLAN 10 与 VLAN 20 的 PC 不可 PING 通。

13

任务总结

通过本任务的实施,应掌握下列知识和技能。
(1) 了解 VLAN 的基本概念和功能。
(2) 了解 VLAN 的发展历程。
(3) 熟悉 VLAN 操作系统的启动和关闭的方法。

 习题

1. VLAN 的作用是什么?
2. VLAN 划分的方式有哪些?
3. VLAN 的接口类型有哪些?

任务二　VLAN 路由技术

任务描述

传统的二层交换网络，整个网络就是一个广播域，当网络规模增大的时候，网络广播严重，效率下降，不利于管理。VLAN 隔离各个二层广播网络，但也严格限制了各个 VLAN 之间的通信，违背了网络发展的初衷。

某企业新购进一台三层交换机，需要将不同的部门划分到不同的 VLAN，但每个部门在特定的时候需要相互通信。下面我们将重点讲解怎样解决这个问题。

相关知识

2.1　VLAN 的问题

通过划分 VLAN，我们隔离了广播域，增强了安全性。但是，划分 VLAN 后，不同 VLAN 的计算机之间的通信也相应地被阻止，如图 2-1 所示。这样一来，则背离了网络互联互通的原则。因此，我们迫切地需要一些技术与方法来解决 VLAN 间数据的通信。

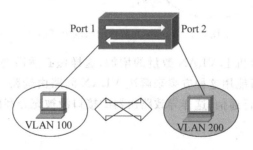

图 2-1　VLAN 的问题

一个 VLAN 就是一个广播域、一个局域网。由此可见，VLAN 间的通信就相当于不同网络之间的通信。所以，为实现 VLAN 间的通信，必须借助于三层设备。VLAN 间的通信就相当于不同网络之间的通信。所以，为实现 VLAN 间的通信，必须借助于三层设备。VLAN 间的通信问题实质就是 VLAN 间的路由问题。

2.2 VLAN 间通信的解决方式

为实现 VLAN 间的通信,通常可采用下面三种方式。
- 每个 VLAN 用一个物理连接。
- 单臂路由。
- 三层交换。

2.2.1 每个 VLAN 用一个物理连接

为每个 VLAN 分配一个单独的路由器接口。每个物理接口就是对应 VLAN 的网关,VLAN 间的数据通信通过路由器进行三层路由,这样我们就可以实现 VLAN 相互之间的通信,如图 2-2 所示。

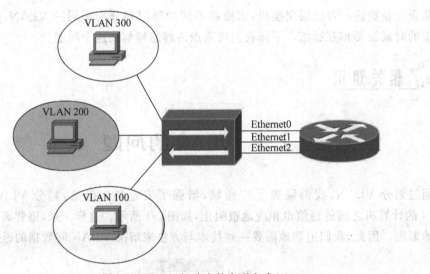

图 2-2 VLAN 间路由的实现方式(1)

但是,随着每个交换机上 VLAN 数量的增加,这样做必然需要大量的路由器接口。出于成本的考虑,一般不可能用这种方案来解决 VLAN 间路由选路问题。此外,某些 VLAN 之间可能不需要经常进行通信,这样导致路由器的接口没被充分利用。

2.2.2 单臂路由

为了解决物理接口需求过大的问题,在 VLAN 技术的发展中,出现了一种名为单臂路由的技术,用于实现 VLAN 间的通信。在路由器的一个接口上通过配置子接口(或"逻辑口",并不存在真正物理接口)的方式,实现原来相互隔离的不同 VLAN(虚拟局域网)之间的互联互通。

如图 2-3 所示,路由器仅仅提供一个以太网接口,而在该接口下提供 3 个子接口分别作为 3 个 VLAN 用户的默认网关,当 VLAN 100 的用户需要与其他 VLAN 的用户进行通信时,该用户只需将数据包发送给默认网关,默认网关修改数据帧的 VLAN 标签后再发送至目的主机所在VLAN，即完成了VLAN间的通信。

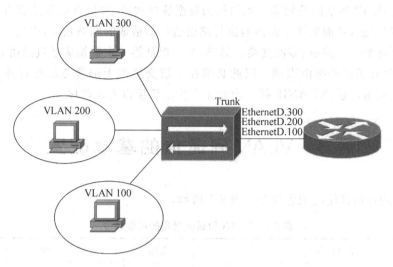

图 2-3　VLAN 间路由的实现方式（2）

但是，此方法也存在着很大的问题。当 VLAN 间的数据流量过大时，路由器与交换机之间的链路将成为网络的瓶颈。

2.2.3　三层交换

三层交换技术就是：二层交换技术＋三层转发技术。它解决了局域网中网段划分之后网段中子网必须依赖路由器进行管理的局面，解决了传统路由器低速、复杂所造成的网络瓶颈问题。

在实际网络搭建中，三层交换技术成为解决 VLAN 间通信的首选方式，如图 2-4 所示。

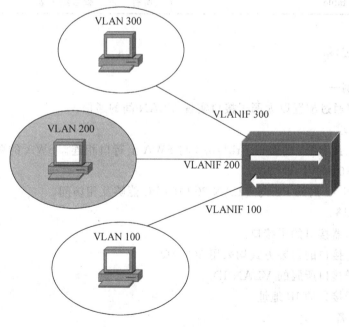

图 2-4　VLAN 间路由的实现方式（3）

三层交换机基本工作原理为：三层交换机通过路由表传输第一个数据流后，会产生一个 MAC 地址与 IP 地址的映射表。当同样的数据流再次通过时，将根据此表直接从二层通过而不是通过三层，从而消除了路由器进行路由选择而造成的网络延迟，提高了数据包转发效率，我们也称为一次路由、多次交换。另外，为了保证第一次数据流通过路由表正常转发，路由表中必须有正确的路由表项。因此必须在三层交换机上部署三层接口并部署路由协议，实现三层路由可达，VLANIF 接口由此而产生。该接口为逻辑接口。

2.3 VLAN 间通信的基本配置

VLAN 间通信常用的配置命令如表 2-1 所示。

表 2-1 VLAN 间通信常用的配置命令

常用命令	视图	作用
interface interface-type *interface-number*	系统	进入指定接口
ip address *ip-address*｛*mask*｜*mask-length*｝［sub］	接口	配置接口 IP 地址
control-vid *vid*｛dot1q-termination｜qinq-termination｝	子接口	指定子接口控制 VLAN ID，用于标识不同子接口
dot1q termination vid *vid*	子接口	配置子接口对一层 Tag 报文的终结功能。必须结合 control-vid 命令
display ip interface［brief］［*interface-type interface-number*］	所有	查看接口与 IP 相关的配置和统计信息或者简要信息
display ip routing-table	所有	查看路由表

 任务实施

1. 配置示例一

该示例实现通过配置以太网子接口实现 VLAN 间的通信。

（1）组网需求

如图 2-5 所示，RTA 的接口 Eth1/0/0 与 SWA 上行口相连。SWA 的两个下行接口分别加入 VLAN 10 和 VLAN 20。

要求 VLAN 10 内的 PC 与 VLAN 20 内的 PC 能够互相访问。

（2）配置思路

➢ 启用路由器接口的子接口。

➢ 配置各子接口的封装方式均采用 802.1Q。

➢ 配置各子接口所属的 VLAN ID。

➢ 配置各子接口的 IP 地址。

（3）数据准备

为完成此配置例，需准备如下的数据。

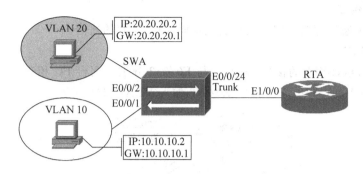

图 2-5 单臂路由配置拓扑

> 以太网子接口 Eth1/0/0.1 和 Eth1/0/0.2 的 VLAN ID 为 10 和 20。
> 以太网子接口 Eth1/0/0.1 和 Eth1/0/0.2 的 IP 地址为 10.10.10.1 和 20.20.20.1。
> SWA 上行接口设置为 Trunk。
> SWA 下行接口中分别加入 VLAN 10 与 VLAN 20。

（4）操作步骤

交换机和 PC 的配置略。

① 配置 RTA 上对应 VLAN 10 的子接口

创建并配置以太网子接口 Eth1/0/0.1。

```
[RTA] interface ethernet 1/0/0.1
[RTA-Ethernet1/0/0.1]control-vid 100 dot1q-termination
[RTA-Ethernet1/0/0.1]dot1q termination vid 10
[RTA-Ethernet1/0/0.1]ip address 10.10.10.1 24
[RTA-Ethernet1/0/0.1]quit
```

② 配置 RTA 上对应 VLAN 20 的子接口

创建并配置以太网子接口 Eth1/0/0.2。

```
[RTA] interface ethernet 1/0/1.1
[RTA-Ethernet1/0/0.2]control-vid 200 dot1q-termination
[RTA-Ethernet1/0/0.2]dot1q termination vid 20
[RTA-Ethernet1/0/0.2]ip address 20.20.20.1 24
[RTA-Ethernet1/0/0.2]quit
```

（5）检查配置结果

① 在 VLAN 10 中的 PC 上配置默认网关为 Eth1/0/0.1 接口的 IP 地址 10.10.10.1/24。

② 在 VLAN 20 中的 PC 上配置默认网关为 Eth1/0/0.2 接口的 IP 地址 20.20.20.1/24。

配置完成后，VLAN 10 内的 PC1 与 VLAN 20 内的 PC2 能够互相访问。

2. 配置示例二

该示例实现通过配置三层交换机实现不同 VLAN 间的通信。

(1) 组网需求

如图 2-6 所示，SWA 的接口 E0/0/1 与 E0/0/2 分别与两台 PC 相连。SWA 的下行接口 E0/0/1 加入 VLAN 10，下行接口 E0/0/2 加入 VLAN 20。

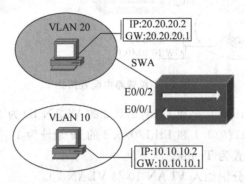

图 2-6　三层交换

要求 VLAN 10 内的 PC 与 VLAN 20 内的 PC 能够互相 PING 通。

(2) 配置思路
- 启用 VLANIF 接口。
- 配置 VLANIF 接口 IP 地址。

(3) 数据准备

为完成此配置例，需准备如下的数据。
- 在 SWA 上配置接口 Eth0/0/1 中加入 VLAN 10。
- 在 SWA 上配置接口 Eth0/0/2 中加入 VLAN 20。
- 在 SWA 上配置 VLANIF 10 的 IP 地址为 10.10.10.1/24。
- 在 SWA 上配置 VLANIF 20 的 IP 地址为 20.20.20.1/24。

(4) 操作步骤

下面配置 SWA。

创建 VLAN。

```
[Router]vlan batch 10 20
```

配置接口加入 VLAN。

(略)

配置 VLANIF 接口的 IP 地址。

```
[SWA]interface vlanif 10
[SWA-Vlanif10]ip address 10.10.10.1 24
[SWA-Vlanif10]quit
[SWA]interface vlanif 20
[SWA-Vlanif20]ip address 20.20.20.1 24
[SWA-Vlanif20]quit
```

(5）检查配置结果

① 在 VLAN 10 中的 PC 上配置默认网关为 VLANIF 10 接口的 IP 地址 10.10.10.1/24。

② 在 VLAN 20 中的 PC 上配置默认网关为 VLANIF 20 接口的 IP 地址 20.20.20.1/24。

配置完成后，VLAN 10 内的 PC 与 VLAN 20 内的 PC 能够相互访问。

 任务总结

通过本任务的实施，应掌握下列知识和技能。
（1）了解 VLAN 的局限性。
（2）掌握不同 VLAN 之间相互通信的方式。
（3）熟悉不同 VLAN 之间相互通信的配置命令和组网。

 习题

1. 三层交换机和路由器区别是什么？
2. 二层交换机是否可以满足不同 VLAN 之间的通信？

任务三 生成树协议

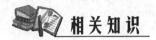

某学校希望组建一个大型局域网,现要求网络拓扑为环形,可以进行网络的备份,提高网络的安全性。但环形网络存在一个环路问题,这时必须启用 STP 协议。接下来我们将讨论 STP 如何防止环路和进行链路备份。

3.1 二层环路问题

通过前面章节的学习,我们了解到交换机工作时根据数据帧中的源 MAC 地址建立和更新 MAC 地址表,而转发数据帧时又依赖于 MAC 地址表中的表项。对于单播数据,如果源端口、目端口不同,则直接转发;如果源端口、目的端口相同,则丢弃。对于广播数据或者未知单播,则向所有端口转发。另外,还需要注意的是,在数据帧的转发过程中,在不考虑 VLAN 技术的前提下,交换机并不会改变所转发的数据帧。

基于以上回顾的交换机的工作原理,当出现如图 3-1 所示情况时,也就是当我们的二层网络出现环路时,会带来以下危害。

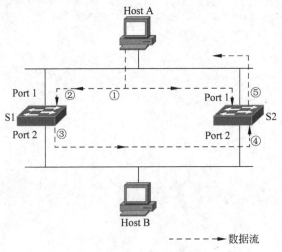

图 3-1 二层环路

- 广播风暴导致网络不可用：如果 Host A 发出广播请求，那么广播报文将被其他两台交换设备的端口 Port 1 接收，并分别从端口 Port 2 广播出去，然后端口 Port 2 又收到另一台交换设备发过来的广播报文，再分别从两台交换设备的端口 Port 1 转发。如此反复，最终导致整个网络资源被耗尽，网络瘫痪并不可用。
- MAC 地址表震荡：即使是单播报文，也有可能导致交换设备的 MAC 地址表项混乱，以致破坏交换设备的 MAC 地址表。假设图中的网络中没有广播风暴，Host A 发送一个单播报文给 Host B，如果此时 Host B 临时从网络中移去，那么交换设备上有关 Host B 的 MAC 地址表项也将被删除。此时 Host A 发给 Host B 的单播报文将被交换设备 S1 的端口 Port 1 接收，由于 S1 上没有相应的 MAC 地址转发表项，该单播报文将被转发到端口 Port 2 上，交换设备 S2 的端口 Port 2 又收到从对端 Port 2 端口发来的单播报文，然后又从 Port 1 发出去。如此反复，在两台交换设备上，由于不间断地从端口 Port 1、Port 2 收到 Host A 发来的单播报文，交换设备会不停地修改自己的 MAC 地址表项，从而引起了 MAC 地址表的抖动。如此下去，最终导致 MAC 地址表项被破坏。

因此，我们迫切地需要一种技术来解决上述问题。在此背景下，生成树协议（Spanning Tree Protocol，STP）应运而生，其主要作用为：在网络中建立树形拓扑，消除网络中的环路，并且可以通过一定的方法实现路径冗余，但不是一定可以实现路径冗余。生成树协议适合所有厂商的网络设备，在配置上和体现功能强度上有所差别，但是在原理和应用效果是一致的。

1. 消除环路

STP 通过阻断冗余链路来消除网络中可能存在的路径回环，如图 3-2 所示。

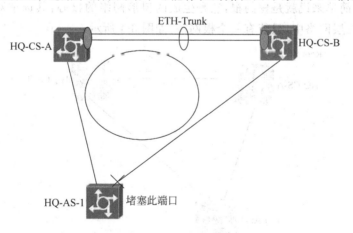

图 3-2 消除环路

2. 冗余备份

STP 仅仅是在逻辑上阻断冗余链路，当主链路发生故障后，被阻断的冗余链路将被重新激活从而保证网络的通畅，如图 3-3 所示。

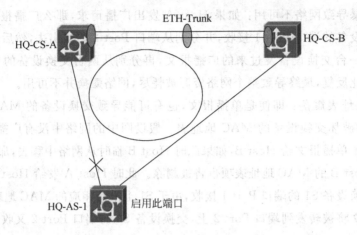

图 3-3　冗余备份

3.2　STP 原理

生成树协议,基本思想就是按照"树"的结构构造网络的拓扑结构。树的根是一个称为根桥的桥设备,根桥的确立是由交换机或网桥的 BID(Bridge ID)确定的,BID 最小的设备成为二层网络中的根桥。该协议的原理是按照树的结构来构造网络拓扑,消除网络中的环路,避免由于环路的存在而造成广播风暴问题。

1. STP 的工作流程

第一步,选举根网桥(Root Bridge)。

所谓根桥,简单来说就是树的根,它是生成的树形网络的核心,其选举对象范围为所有网桥。在整个二层网络中,只能有一个根网桥,如图 3-4 所示。

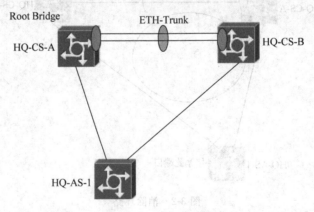

图 3-4　选举根网桥

第二步,选举根端口(Root Port)。

根端口就是去往根桥路径最"近"的端口,根端口负责向根桥方向转发数据。在每一台非根网桥上,有且只有一个根端口,参考图 3-5。

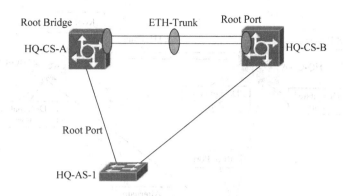

图 3-5　选举根端口

第三步,选举指定端口(Designated Port)。

指定端口为每个网段上离根最"近"的端口,它转发发往该网段的数据。在每一个网段上,有且只有一个指定端口,如图 3-6 所示。

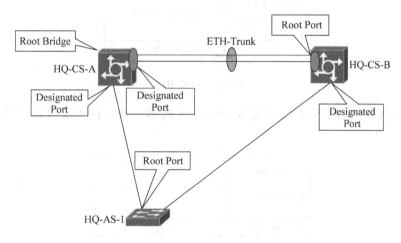

图 3-6　选举指定端口

第四步,阻塞预备端口(Alternate Port)。

如果一个端口既不是根端口,也不是指定端口,则将成为预备端口。该端口会被阻塞,不能转发数据,如图 3-7 所示。

2. STP 的判定条件

在进行 STP 计算的过程中,要用到一些参数进行比对,我们称之为 STP 的判定条件或者判定依据。

(1) 网桥 ID(Bridge ID)

网桥 ID 可理解为交换机的身份标识,共 8 字节,由 16 位的网桥优先级(Bridge Priority)与 48 位的网桥 MAC 地址构成,如图 3-8 所示。其中,优先级可配,默认值为32768。另外,由于网桥的 MAC 地址具备全局唯一性,所以网桥 ID 也具备全局唯一性。

(2) 端口 ID(Port ID)

端口 ID 为端口的身份标识,也是由两个部分构成,共 2 字节,其中高 4 位是端口优先

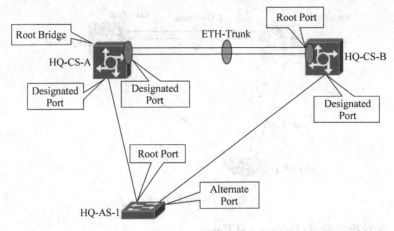

图 3-7 预备端口

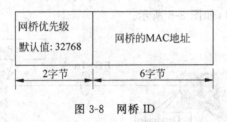

图 3-8 网桥 ID

级(Port Priority),低 12 位是端口编号,如图 3-9 所示。端口优先级可以被配置,默认值是 128。

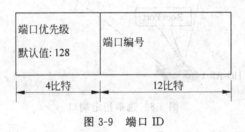

图 3-9 端口 ID

(3) 根路径成本

根路径成本为各网桥去往根网桥所要花费的开销,它由沿途各路径成本(Path Cost)叠加而来,如图 3-10 所示。

图 3-10 根路径成本

路径成本根据链路带宽的高低制定,最初为线性计算方法,后变更为非线性。各类标准如表 3-1 所示,其中 Legacy 为华为私有标准路径成本可在设备端口上进行手动修改。需要特别说明的是,对于普通的 FE 接口,如果是半双工模式,路径成本与标准一致;如果是全双工模式,会在标准的基础上减 1,目的是让 STP 尽量选择全双工的端口。

表 3-1 路径成本

端口速率	链路类型	802.1D-1998	802.1T（默认）	Legacy
0		65 535	200 000 000	200 000
10Mbps	半双工	100	2 000 000	2 000
	全双工	99	1 999 999	1 999
	2 端口聚合	95	1 000 000	1 800
	3 端口聚合	95	666 666	1 600
	4 端口聚合	95	500 000	1 400
100Mbps	半双工	19	200 000	200
	全双工	18	199 999	199
	2 端口聚合	15	100 000	180
	3 端口聚合	15	66 666	160
	4 端口聚合	15	50 000	140
1 000Mbps	全双工	4	20 000	20
	2 端口聚合	3	10 000	18
	3 端口聚合	3	6 666	16
	4 端口聚合	3	5 000	14
10Gbps	全双工	2	2 000	2
	2 端口聚合	1	1 000	1
	3 端口聚合	1	666	1
	4 端口聚合	1	500	1

在计算根路径成本时，仅计算收到 BPDU 的端口（可简单理解为去往根网桥的出端口）的开销。

3．STP 的判定规则

第一步，根网桥的选举。

比较网桥 ID，值小者优先。前面曾给予说明，网桥 ID 具备唯一性，因此，在选举根网桥时，仅需选用该判定条件。

第二步，根端口的选举。

根端口的选举将会按照以下顺序进行逐一比对，当某一规则满足时，判定结束，选举完成。

① 比较根路径成本，值小者优先。

② 比较指定网桥（BPDU 的发送交换机，此时可简单理解为相邻的交换机）的网桥 ID，值小者优先。

③ 比较指定端口（BPDU 的发送端口，此时可简单理解为相邻的交换机端口）的端口 ID，值小者优先。

第三步，指定端口的选举。

① 指定端口的选举过程同根端口。

② 特别说明：

➢ 根网桥上的所有端口皆为指定端口。

➢ 根端口相对应的端口（即与根端口直连的端口）皆为指定端口。

3.3 STP 报文

STP 通过 BPDU(桥接协议数据单元)进行生成树计算。当网络拓扑发生改变时,重新进行收敛。

BPDU 报文被封装在以太网数据帧中,目的 MAC 是组播 MAC：01-80-C2-00-00-00,Length/Type 字段为 MAC 数据长度,后面是 LLC 头,IEEE 为 STP 保留了 DSAP 和 SSAP 为 0x42 的值,UI 为 0x03,LLC 之后是 BPDU 报文头。STP 所使用的 BPDU 报文有两类,分别为配置 BPDU 和拓扑变更 BPDU(TCN BPDU),介绍如下。

1. 配置 BPDU

通常所说的 BPDU 报文多数指配置 BPDU,配置 BPDU 总是由根网桥首先发出。

在初始化过程中,每个网桥都认为自己是根,并主动发送配置 BPDU。但在网络拓扑稳定以后,只有根桥主动发送配置 BPDU,其他桥在收到上游传来的配置 BPDU 后,才触发发送自己的配置 BPDU。配置 BPDU 的长度至少要 35 字节,包含了桥 ID、路径开销和端口 ID 等参数。只有当发送者的 BID 或端口的 PID 两个字段中至少有一个和本桥接收端口不同,BPDU 报文才会被处理,否则丢弃。这样避免了处理和本端口信息一致的 BPDU 报文。

配置 BPDU 报文基本格式如表 3-2 所示。

表 3-2 配置 BPDU 报文格式

域	字节	说明
Protocol Identifier	2	总是 0
Protocol Version Identifier	1	总是 0
BPDU Type	1	当前 BPDU 类型如下。 0x00：配置 BPDU。 0x80：TCN BPDU
Flags	1	最低位＝TC(Topology Change,拓扑变化)标志。 最高位＝TCA(Topology Change Acknowledgment,拓扑变化确认)标志
Root Identifier	8	当前根桥的 BID
Root Path Cost	4	本端口累计到根桥的开销
Bridge Identifier	8	本交换设备的 BID
Port Identifier	2	发送该 BPDU 的端口 ID
Message Age	2	该 BPDU 的消息年龄。 如果配置 BPDU 是根桥发出的,则 Message Age 为 0；否则,Message Age 是从根桥发送到当前桥接收到 BPDU 的总时间,包括传输延时。实际实现中,配置 BPDU 报文经过一个桥,Message Age 增加 1
Max Age	2	消息老化年龄。默认为 20s
Hello Time	2	发送两个相邻 BPDU 的时间间隔。默认为 2s

FLAG 字段的格式如图 3-11 所示。

图 3-11　FLAG 字段

配置 BPDU 在以下 3 种情况下会产生。
- 只要端口使能 STP,则配置 BPDU 就会按照 Hello Time 定时器规定的时间间隔从指定端口发出。
- 当根端口收到配置 BPDU 时,根端口所在的设备会向自己的每一个指定端口复制一份配置 BPDU。
- 当指定端口收到比自己差的配置 BPDU 时,会立刻向下游设备发送自己的 BPDU。

2. TCN BPDU

TCN BPDU 是指在下游拓扑发生变化时向上游发送拓扑变化通知,直到根节点。TCN BPDU 在如下两种情况下会产生。
- 端口状态变为 Forwarding 状态,且该设备上至少有一个指定端口。
- 指定端口收到 TCN BPDU,向根桥复制 TCN BPDU。

3.4　STP 端口状态

STP 为进行生成树的计算,一共定义了 5 种端口状态。不同状态下,端口所能实现的功能不同。详细见表 3-3。

表 3-3　STP 端口状态

端口状态	描述	说明
Disabled(端口没有启用)	这个二层端口不会参与生成树,也不会转发数据帧	端口状态为 Down
Listening(侦听状态)	生成树此时已经根据交换机所接收到的 BPDU 而判断出了这个端口应该参与数据帧的转发。于是交换机端口就将不再满足于接收 BPDU,而同时也开始发送自己的 BPDU,并以此通告邻接的交换机该端口会在活动拓扑中参与转发数据帧的工作。在默认情况下,该端口会在这种状态下停留 15s 的时间	过渡状态,增加 Learning 状态以防止临时环路
Blocking(阻塞状态)	此时,二层端口为非指定端口,也不会参与数据帧的转发。该端口通过接收 BPDU 来判断根交换机的位置和根 ID,以及在 STP 拓扑收敛结束之后,各交换机端口应该处于什么状态,在默认情况下,端口会在这种状态下停留 20s 时间	阻塞端口的最终状态
Learning(学习状态)	这个二层端口准备参与数据帧的转发,并开始填写 MAC 表。在默认情况下,端口会在这种状态下停留 15s 时间	过渡状态

端口状态	描 述	说 明
Forwarding(转发状态)	这个二层端口已经成为了活动拓扑的一个组成部分，它会转发数据帧，并同时收发 BPDU	只有根端口或指定端口才能进入 Forwarding 状态

各状态之间的迁移有一定的规则。如图 3-12 所示，当端口正常启用之后，端口首先进入 Listening 状态，开始生成树的计算过程。如果经过计算，端口角色需要设置为预备端口(Alternate Port)，则端口状态立即进入阻塞状态(Blocking)；如果经过计算，端口角色需要设置为根端口(Root Port)或指定端口(Designated Port)，则端口状态在等待一个时间周期之后从 Listening 状态进入 Learning 状态，然后继续等待一个时间周期之后，从 Learning 状态进入 Forwarding 状态，正常转发数据帧。端口被禁用之后则进入 Disable 状态。对图中的标注解释如下：

(1) 端口被选为指定端口(Designated Port)或根端口(Root Port)。
(2) 端口被选为预备端口(Alternate Port)。
(3) 经过时间周期。此时间周期称为 Forward Delay，默认为 15s。

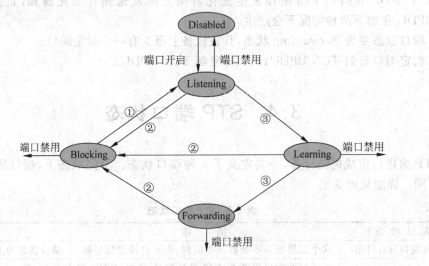

图 3-12 端口状态迁移

3.5 STP 基本配置

STP 相关命令介绍见表 3-4。

表 3-4 STP 相关命令介绍

常用命令	视图	作 用
stp {disable|enable}	系统	启用 STP
stp mode {mstp|stp|rstp}	系统	修改 STP 模式
stp root primary	系统	设置根网桥

续表

常用命令	视图	作　用
stp root secondary	系统	设置辅助根网桥,即根网桥失效后,由其充当根网桥角色
stp priority *priority*	系统	设置网桥优先级
stp pathcost-standard｛dot1d-1998｜dot1t｜legacy｝	系统	指定路径开销的标准
bpdu｛enable｜disable｝	接口	指定接口对 BPDU 报文的处理动作
stp timer hello *hello-time*	系统	指定 Hello Time 时间
stp timer forward-delay *forward-delay*	系统	配置 Forward Delay 时间
stp timer max-age *max-age*	系统	配置 Max Age 时间
stp port priority *priority*	接口	设置接口优先级
stp cost *cost*	接口	设置接口成本
display stp［brief］	所有	查看 STP 详简信息

 任务实施

STP 配置举例如下。

1. 组网需求

如图 3-13 所示,SWA 的接口 E0/0/24 与 SWB 的接口 E0/0/24 相连。

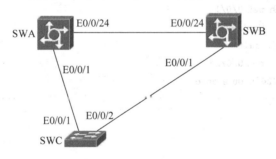

图 3-13　STP 配置拓扑

SWA、SWB 的两个下行接口 E0/0/1 分别与 SWC 的 E0/0/1 和 E0/0/2 相连。
要求 SWA 为根网桥。SWB 为辅助根网桥。当 SWA 出现故障后,SWB 成为根网桥。

2. 配置思路

配置 STP 的思路如下:
➢ 启用 STP。
➢ 设置根网桥。
➢ 设置辅助根网桥。

3. 数据准备

为完成此配置例,需准备如下的数据。

> 交换机之间建议使用 TRUNK 链路。
> SWA 为根网桥。
> SWB 为辅助根网桥。

4. 操作步骤

(1) 配置 SWA

#启用 STP,设置 STP 模式和根网桥。

```
[SWA]stp enable
[SWA]stp mode stp
[SWA]stp root primary
[SWA]interface Ethernet 0/0/1
[SWA-Ethernet0/0/1]bpdu enable
[SWA-Ethernet0/0/1]quit
[SWA]interface Ethernet 0/0/24
[SWA-Ethernet0/0/24]bpdu enable
```

(2) 配置 SWB

#启用 STP,设置 STP 模式和根网桥。

```
[SWB]stp enable
[SWB]stp mode stp
[SWB]stp root secondary
[SWB]interface Ethernet 0/0/1
[SWB-Ethernet0/0/1]bpdu enable
[SWB-Ethernet0/0/1]quit
[SWB]interface Ethernet 0/0/24
[SWB-Ethernet0/0/24]bpdu enable
```

(3) 配置 SWC

#启用 STP。

```
[SWC]stp enable
[SWC]stp mode stp
[SWC]interface Ethernet 0/0/1
[SWC-Ethernet0/0/1]bpdu enable
[SWC-Ethernet0/0/1]quit
[SWC]interface Ethernet 0/0/2
[SWC-Ethernet0/0/2]bpdu enable
```

(4) 验证配置结果

分别在 SWA 和 SWB 上查看 STP 信息,SWA 已经成为根网桥。

```
[SWA]display stp
-------[CIST Global Info][Mode STP]-------
CIST Bridge            :0 .0025-9e74-a097
Bridge Times           :Hello 2s MaxAge 20s FwDly 15s MaxHop 20
CIST Root/ERPC         :0 .0025-9e74-a097 / 0
CIST RegRoot/IRPC      :0 .0025-9e74-a097 / 0
CIST RootPortId        :0.0
BPDU-Protection        :disabled
CIST Root Type         :PRIMARY root
TC or TCN received     :0
TC count per hello     :0
STP Converge Mode      :Normal
Time since last TC     :0 days 0h:40m:24s
  ...

[SWB]display stp
-------[CIST Global Info][Mode STP]-------
CIST Bridge            :4096 .0025-9e74-a09c
Bridge Times           :Hello 2s MaxAge 20s FwDly 15s MaxHop 20
CIST Root/ERPC         :0 .0025-9e74-a097 / 199999
CIST RegRoot/IRPC      :4096 .0025-9e74-a09c / 0
CIST RootPortId        :128.24
BPDU-Protection        :disabled
CIST Root Type         :SECONDARY root
TC or TCN received     :0
TC count per hello     :0
STP Converge Mode      :Normal
Time since last TC     :0 days 13h:55m:1s
  ...
```

将 SWA 端口 E0/0/1 和 E0/0/24 上线缆拔出,或者将这两个端口关闭(Shut Down),过 30s 后查看 SWB 上的 STP 信息,SWB 成为根网桥。

```
[SWB]display stp
-------[CIST Global Info][Mode STP]-------
CIST Bridge            :4096 .0025-9e74-a09c
Bridge Times           :Hello 2s MaxAge 20s FwDly 15s MaxHop 20
CIST Root/ERPC         :4096 .0025-9e74-a09c / 0
CIST RegRoot/IRPC      :4096 .0025-9e74-a09c / 0
CIST RootPortId        :0.0
BPDU-Protection        :disabled
CIST Root Type         :SECONDARY root
TC or TCN received     :0
TC count per hello     :0
STP Converge Mode      :Normal
Time since last TC     :3 days 13h:6m:46s
  ...
```

任务总结

通过本任务的实施,应掌握下列知识和技能。
(1) 了解 STP 基本的概念和功能。
(2) 了解 STP 的发展历程。
(3) 熟悉 STP 操作系统的启动和关闭的方法。

 习题

1. 二层环路会带来什么问题?
2. STP 的 BPDU 有哪几种?
3. STP 的 5 种端口状态有哪些?

任务四 VRRP 技术

任务描述

通常,同一网段内的所有主机都设置某一路由器(或者三层交换机)作为默认路由,即以此路由器作为其默认网关。主机发往其他网段的报文将先通过默认路由器(默认网关),再由默认网关进行转发,从而实现主机与外部网络的通信。当默认网关发生故障时,网段内所有主机都无法与外部网络通信。

某企业网发生过一次设备硬件故障,导致一个星期无法连接互联网,给企业带来了不少的损失。现企业网进行网络改造,需要放置两台网关设备来保障网络的可靠性。

4.1 VRRP 协议简介

虚拟路由器冗余协议(VRRP)是一种选择协议,它可以把一个虚拟路由器的任务动态分配到局域网上的 VRRP 路由器中的一台。控制虚拟路由器 IP 地址的 VRRP 路由器称为主路由器,它负责转发数据包到这些虚拟 IP 地址。一旦主路由器不可用,这种选择过程就提供了动态的故障转移机制,这就允许虚拟路由器的 IP 地址可以作为终端主机的默认第一跳路由器。

为方便描述,我们先熟悉一些与 VRRP 相关的概念。

- ➢ VRRP 路由器(VRRP Router):运行 VRRP 的设备,它可能属于一个或多个虚拟路由器。
- ➢ 虚拟路由器(Virtual Router):由 VRRP 管理的抽象设备,又称为 VRRP 备份组,被当作一个共享局域网内主机的默认网关。它包括了一个虚拟路由器标识符和一组虚拟 IP 地址。
- ➢ 虚拟 IP 地址(Virtual IP Address):虚拟路由器的 IP 地址,一个虚拟路由器可以有一个或多个 IP 地址,由用户配置。
- ➢ IP 地址拥有者(IP Address Owner):如果一个 VRRP 路由器将虚拟路由器的 IP 地址作为真实的接口地址,则该设备是 IP 地址拥有者。当这台设备正常工作时,它会响应目的地址是虚拟 IP 地址的报文,如 ping、TCP 连接等。
- ➢ 虚拟 MAC 地址:是虚拟路由器根据虚拟路由器 ID 生成的 MAC 地址。一个虚拟路由器拥有一个虚拟 MAC 地址,格式为:00-00-5E-00-01-{VRID}(VRRP);00-00-5E-00-02-{VRID}(VRRP6)。当虚拟路由器回应 ARP 请求时,使用虚拟 MAC 地址,而不是接口的真实 MAC 地址。

- 主 IP 地址(Primary IP Address):从接口的真实 IP 地址中选出来的一个主用 IP 地址,通常选择配置的第一个 IP 地址。VRRP 广播报文使用主 IP 地址作为 IP 报文的源地址。
- Master(主要的)路由器(Virtual Router Master):是承担转发报文或者应答 ARP 请求的 VRRP 路由器,转发报文都是发送到虚拟 IP 地址的。如果 IP 地址拥有者是可用的,通常它将成为 Master。
- Backup(备用的)路由器(Virtual Router Backup):一组没有承担转发任务的 VRRP 路由器,当 Master 设备出现故障时,它们将通过竞选成为新的 Master 路由器。
- 抢占模式:在抢占模式下,如果 Backup 路由器的优先级比当前 Master 路由器的优先级高,将主动将自己升级成 Master 路由器。

4.2 VRRP 产生的背景

通常,同一网段内的所有主机都设置一条相同的、以网关为下一跳的默认路由。主机发往其他网段的报文将通过默认路由发往网关,再由网关进行转发,从而实现主机与外部网络的通信。当网关发生故障时,本网段内所有以网关为默认路由的主机将无法与外部网络通信,如图 4-1 所示。

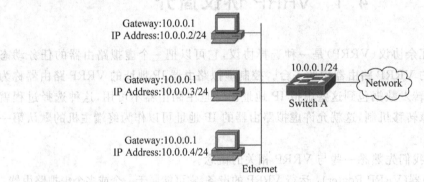

图 4-1 局域网默认网关

默认路由为用户的配置操作提供了方便,但是对默认网关设备提出了很高的稳定性要求。增加出口网关是提高系统可靠性的常见方法,此时如何在多个出口之间进行选路就成为需要解决的问题。

VRRP 正是在这样的背景下诞生的。

4.2.1 VRRP 协议原理

1. VRRP 工作流程

VRRP 工作流程如下:VRRP 将局域网的一组路由设备构成一个 VRRP 备份组,相当

36

于一台虚拟路由器。局域网内的主机只需要知道这台虚拟路由器的 IP 地址,并不需知道具体某台设备的 IP 地址,将网络内主机的默认网关设置为该虚拟路由器的 IP 地址,主机就可以利用该虚拟网关与外部网络进行通信。

VRRP 将该虚拟路由器动态关联到承担传输业务的物理设备上,当该设备出现故障时,再次选择新设备来接替数据传输工作,整个过程对用户完全透明,实现了内部网络和外部网络不间断的通信。

2. 虚拟路由器的实现原理

如图 4-2 所示,虚拟路由器的实现原理如下:

(1) Switch A、Switch B 和 Switch C 属于同一个 VRRP 备份组,组成一个虚拟的路由器,这个虚拟路由器有自己的 IP 地址 10.110.10.1。虚拟 IP 地址可以直接指定,也可以借用该 VRRP 组所包含的设备上某接口地址。

(2) Switch A、Switch B 和 Switch C 的实际 IP 地址分别是 10.110.10.5、10.110.10.6 和 10.110.10.7。

(3) 局域网内的主机只需要将默认路由设为 10.110.10.1 即可,无须知道具体设备上的接口地址。

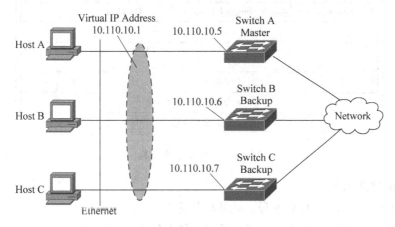

图 4-2 虚拟路由器示意图

3. 虚拟路由器的工作机制

主机利用该虚拟网关与外部网络通信。虚拟路由器工作机制如下:

(1) 根据优先级的大小挑选 Master 设备。Master 设备的选举有两种方法。
- 比较优先级的大小,优先级高者被选为 Master 设备。
- 当两台优先级相同的设备中,如果已经存在 Mster,则 Backup 设备不进行抢占。
- 如果两台设备同时竞争 Master,则比较接口 IP 地址大小,IP 地址较大的接口所在设备被选为 Master 设备。

(2) 其他设备作为备份设备,随时监听 Master 设备的状态。
- 当主设备正常工作时,它会每隔一段时间(Advertisement Interval)发送一个 VRRP 组播报文,以通知组内的备份设备,主设备处于正常工作状态。
- 当组内的备份设备一段时间(Master Down Interval)内没有接收到来自主设备的报文,则将自己转为主设备。一个 VRRP 组里有多台备份设备时,短时间内可能产生

37

多个 Master 设备，此时，设备将会将收到的 VRRP 报文中的优先级与本地优先级做比较。从而选取优先级高的设备做 Master。设备的状态变为 Master 之后，会立刻发送免费 ARP 来刷新交换机上的 Mac 表项，从而把用户的流量引到此台设备上来，整个过程对用户完全透明。

从上述分析可以看到，主机不需要增加额外工作，与外界的通信也不会因某台设备故障而受到影响。

4.2.2 VRRP 协议报文

VRRP 报文用来将 Master 设备的优先级和状态通告给同一虚拟路由器的所有 VRRP 路由器。

VRRP 报文封装在 IP 报文中，发送到分配给 VRRP 的 IP 组播地址。在 IP 报文头中，源地址为发送报文的主接口地址（不是虚拟地址或辅助地址），目的地址是 224.0.0.18，TTL 是 255，协议号是 112。VRRP 报文的结构如图 4-3 所示。

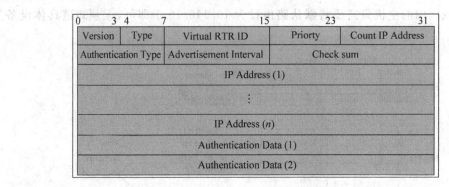

图 4-3　VRRP 报文结构

各字段的含义如下。

- Version：VRRP 协议版本号。此处取值为 2。
- Type：VRRP 通告报文的类型。只有一种取值 1，表示 Advertisement。
- Virtual RTR ID(VRID)：虚拟路由器 ID，取值范围是 1~255。
- Priority：发送 VRRP 通告报文的设备在备份组中的优先级。取值范围是 0~255，但可用的范围是 1~254。0 表示设备停止参与 VRRP 备份组，用来使备份设备尽快成为 Master 设备，而不必等到计时器超时；255 则保留给 IP 地址拥有者。默认值是 100。
- Count IP Address：VRRP 通告报文中包含的虚拟 IP 地址的个数（一个 VRRP 组可以支持多个虚拟 IP）。
- Authentication Type：VRRP 报文的认证类型。协议中指定了 3 种类型。

0：不需认证。
1：简单的字符口令。
2：IP 认证头。

- Advertisement Interval：发送通告报文的时间间隔。默认值为 1s。

- Check sum：校验和。
- IP Address(es)：VRRP 备份组的虚拟 IP 地址。
- Authentication Data：认证字。目前只有明文认证和 MD5 认证才用到该部分，对于其他认证方式，一律填 0。

4.2.3 VRRP 协议状态机

VRRP 协议中定义了三种状态机：初始状态（Initialize）、活动状态（Master）、备份状态（Backup）。其中，只有处于活动状态的设备才可以转发那些发送到虚拟 IP 地址的报文。

VRRP 状态转换如图 4-4 所示。

图 4-4　VRRP 状态机的转换

（1）Initialize：设备启动时进入此状态，当收到接口 Startup 的消息，将转入 Backup 或 Master 状态（IP 地址拥有者的接口优先级为 255，直接转为 Master）。在此状态时，不会对 VRRP 通告报文做任何处理。

（2）Master：当交换机处于 Master 状态时，它将会做下列工作。
- 定期发送 VRRP 通告报文。
- 以虚拟 MAC 地址响应对虚拟 IP 地址的 ARP 请求。
- 转发目的 MAC 地址为虚拟 MAC 地址的 IP 报文。
- 如果它是这个虚拟 IP 地址的拥有者，则接收目的 IP 地址为这个虚拟 IP 地址的 IP 报文。否则，丢弃这个 IP 报文。
- 如果收到比自己优先级大的报文，则转为 Backup 状态。
- 当接收到接口的 Shut Down 事件时，转为 Initialize 状态。

（3）Backup：当交换机处于 Backup 状态时，它将会做下列工作。
- 接收 Master 发送的 VRRP 通告报文，判断 Master 的状态是否正常。
- 对虚拟 IP 地址的 ARP 请求不做响应。
- 丢弃目的 MAC 地址为虚拟 MAC 地址的 IP 报文。
- 丢弃目的 IP 地址为虚拟 IP 地址的 IP 报文。
- 如果收到比自己优先级小的报文时，丢弃报文，不重置定时器；如果收到优先级和自己相同的报文，则重置定时器，不进一步比较 IP 地址。
- 当接收到 MASTER_DOWN_TIMER 定时器超时的事件时，才会转为 Master 状态。
- 当接收到接口的 Shut Down 事件时，转为 Initialize 状态。

4.3 VRRP 工作方式

VRRP 工作在"主备"备份方式。这是 VRRP 提供 IP 地址备份功能的基本方式。"主备"备份方式需要建立一个虚拟路由器,该虚拟路由器包括一个 Master 设备和若干 Backup 设备。

正常情况下,业务全部由 Master 承担。Master 出现故障时,Backup 设备接替工作。

VRRP 负载允许一台设备为多个 VRRP 备份组作备份。通过多个虚拟路由器可以实现负载分担。负载分担方式是指多台虚拟路由器同时承担业务,因此需要建立两个或更多的备份组。

负载分担方式具有以下特点。

➢ 每个备份组都包括一个 Master 设备和若干 Backup 设备。
➢ 各备份组的 Master 设备可以不同。
➢ 同一台设备上的不同接口可以加入多个备份组,在不同备份组中有不同的优先级。

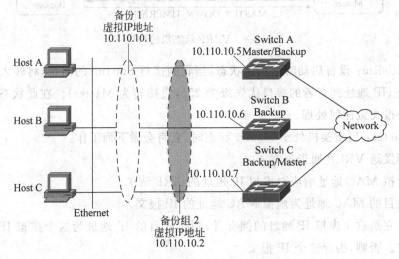

图 4-5 VRRP 负载分担模式示意图

如图 4-5 所示,配置两个备份组:组 1 和组 2。

➢ Switch A 在备份组 1 中作为 Master,在备份组 2 中作为 Backup。
➢ Switch B 在备份组 1 和 2 中都作为 Backup。
➢ Switch C 在备份组 2 中作为 Master,在备份组 1 中作为 Backup。
➢ 一部分主机使用备份组 1 作网关,另一部分主机使用备份组 2 作为网关。

这样,可以达到分担数据流而又相互备份的目的。

4.3.1 VRRP 主备切换

如前所述,VRRP 中 Master 和 Backup 都会监控相关的参数来改变自己的状态。但是某些情况下,VRRP 无法感知非 VRRP 所在接口状态的变化,当上行链路出现故障时,

VRRP 感知不到,从而导致业务中断。

如图 4-6 所示,Switch A 和 Switch B 两台设备上面运行 VRRP 协议。并且 Switch B 的优先级比 Switch A 的优先级高,Switch B 以 Reduce(减少)方式监视接口。Switch B 为 Master 设备,用户的流量通过 Master 设备 Switch B 出去,如图中虚线所示。现在 Switch B 连向 Internet 的出口出现故障,由于 Switch B 上面 VRRP 以 Reduce 方式监视了这个接口,VRRP 的优先级降低,Switch A 抢占成为主用设备,以后用户的流量则通过 Switch A 出去。

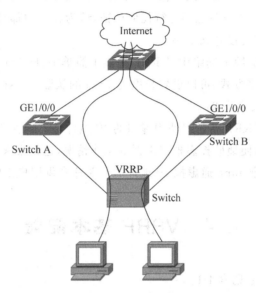

图 4-6　VRRP 监视接口的典型组网图

【说明】　VRRP 可以监视所有接口的状态。当被监视的接口为 Down 或 Up 时,该设备的优先级会自动降低或升高一定的数值,使得备份组中各设备优先级高低顺序发生变化,VRRP 设备重新进行 Master 设备竞选。

VRRP 可以通过 Increase(增加)方式和 Reduce 方式来监视接口(一个 VRRP 最多可以监视 8 个接口)。

- 如果 VRRP 以 Increase 方式监视一个接口,当被监视的接口状态变成 Down 后,VRRP 的优先级增加(增加值可以配置)。Increase 方式在 VRRP 状态为 Master 或 Backup 时都生效。
- 如果 VRRP 以 Reduce 方式监视一个接口,当被监视的接口状态变为 Down 后,VRRP 的优先级降低(降低值可以配置)。Reduce 方式在 VRRP 状态为 Master 或 Backup 时都生效。

华为设备 VRRP 默认方式是抢占方式,延迟时间为 0,即立即抢占。立即抢占方式下,Backup 设备一旦发现自己的优先级比当前 Master 的优先级高,就会成为 Master;相应地,原来的 Master 将会变成 Backup。设置抢占延迟时间,可以使 Backup 延迟一段时间成为 Master。

在实际工作中配置 VRRP 备份组内各交换机的延迟方式时,建议将 Backup 配置为立即抢占,即不延迟(延迟时间为 0),而将 Master 配置为抢占,并且配置一定的延迟时间。这样配置的目的是在网络环境不稳定时,为上下行链路的状态恢复一致性等待一定时间,以免出现双 Master 或由于双方频繁抢占而导致用户设备获得错误的 Master 设备地址。

4.3.2 VRRP 安全

对于安全程度不同的网络环境,可以在报头上设定不同的认证方式和认证字。

在一个安全的网络中,可以采用默认设置:设备对要发送的 VRRP 报文不进行任何认证处理,收到 VRRP 报文的设备也不进行任何认证,认为收到的都是真实的、合法的 VRRP 报文。这种情况下,不需要设置认证字。

在有可能受到安全威胁的网络中,VRRP 提供了简单字符(Simple)认证方式和 MD5 认证方式。对于简单认证字方式,可以设置长度为 1~8 的认证字;对于 MD5 认证方式,明文长度范围是 1~8,密文长度为 24。

此外,默认情况下 VRRP 备份组使用虚拟的 IP 地址是不能够被 ping 通的。而 ping 通虚拟 IP 地址可以比较方便地监控虚拟路由器的工作情况,但是带来可能遭到 ICMP 攻击的隐患。华为设备提供控制 ping 通虚拟 IP 地址的开关命令供用户方便处理。

4.4 VRRP 基本配置

VRRP 基本配置命令见表 4-1。

表 4-1 VRRP 基本配置命令

常用命令	视图	作用
vrrp vrid *virtual-router-id* virtual-ip *virtual-address*	接口	创建备份组并配置虚拟 IP 地址
vrrp vrid *virtual-router-id* priority *priority-value*	接口	配置交换机在备份组中的优先级
vrrp vrid *virtual-router-id* track interface *interface-type interface-number* [increased *value-increased* | reduced *value-reduced*]	接口	监视指定接口的状态
vrrp vrid *virtual-router-id* authentication-mode { simple *key* | md5 *md5-key* }	接口	配置 VRRP 报文认证方式
vrrp vrid *virtual-router-id* preempt-mode disable	接口	关闭抢占功能
vrrp vrid *virtual-router-id* timer advertise *advertise-interval*	接口	配置发送 VRRP 通告报文的间隔时间

任务实施

VRPP 配置实例如图 4-7 所示。

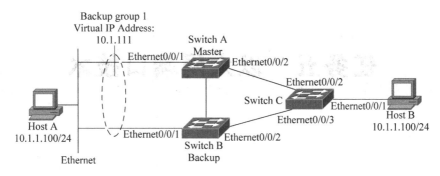

图 4-7　VRRP 配置实例

 任务总结

通过本任务的实施,应掌握下列知识和技能。
(1) 了解 VRRP 使用的背景。
(2) 了解 VRRP 协议报文。
(3) 掌握 VRRP 协议工作方式。
(4) 掌握 VRRP 协议配置实例。

 习题

1. VRRP 使用的范围是多大?
2. VRRP 多实例怎样实现?
3. VRRP 协议状态机(Finite State Machine,FSM)有哪几种?
4. VRRP 的作用是什么?

任务五 以太网端口技术

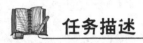 任务描述

本任务需要了解一般的以太网连接应保证哪些网络性能。应了解三种常见的以太网类型 10Mbps/100Mbps/1 000Mbps 以及它们各自的特性。了解常用的以太网端口技术,包括自协商技术智能 MDI/MDIX 识别技术和流控技术,全双工、半双工等。了解端口捆绑(Port Trunking)的基本概念、实现原理以及主要应用,还应掌握华为 Quidway S 系列交换机常用端口的基本配置和调试方法。

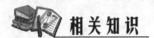 相关知识

5.1 自动协商

1. 自动协商概述

以太网技术发展到 100Mbps 速率以后,出现了一个如何与原来的 10Mbps 以太网设备兼容的问题,自协商技术就是为了解决这个问题而制定的。

自动协商允许一个设备向链路远端的设备通告自己所运行的工作方式,并且侦测远端通告的相应的运行方式。双方通过快速链路脉冲 FLP 交换各自传输能力的通告。FLP 可以让对端知道源端的传输能力是怎样的。当交换 FLP 时,两个站点根据从高到低的优先级侦测双方共有的最佳方式。

当协商双方都支持一种以上的工作方式时,需要有一个优先级方案来确定一个最终工作方式。表 5-1 按优先级从高到低的顺序列出了 IEEE 802.3 对上述几种工作方式优先级的排序。其基本思路是:100Mbps 优于 10Mbps,全双工优于半双工。100Base-T4 之所以优于 100Base-TX,是因为 100Base-T4 支持的线缆的类型更丰富一些。100Base-T 可使用 3、4、5 类非屏蔽双绞线(UTP)实现,用到了双绞线 4 对中的全部。100Base-TX 只能用 5 类非屏蔽双绞线(UTP)或者屏蔽双绞线(STP)实现,用到了双绞线 4 对中的 2 对。

光纤以太网是不支持自协商的。对光纤而言,链路两端的工作模式必须使用手工配置(速度、双工模式、流控等),如果光纤两端的配置不同,是不能正确通信的。事实上,在实际工作与项目中,对于所有介质的以太网,我们都建议关闭自动协商,通过手动配置来确定端口参数,从而避免一些不必要的麻烦。

表 5-1 自动协商

优先级顺序	工作方式
1	100Base-TX 全双工
2	100Base-T4
3	100Base-TX
4	10Base-T 全双工
5	10Base-T

2. 自动协商相关配置

所有配置皆在接口视图下进行,介质两端的端口应同时配置。

➢ 自动协商功能的开启与关闭

negotiation auto:开启自动协商功能。

undo negotiation auto:关闭自动协商功能。

➢ 端口速率设置

手动设置端口速率时,需首先关闭自动协商。

speed {10|100|1000}:配置以太网接口的速率,默认(关闭自动协商)为最大速率,单位为 Mbps。

➢ 端口双工模式设置

手动设置端口双工模式时,需首先关闭自动协商。

duplex {full|half}:配置以太网电接口的双工模式。默认(关闭自动协商)为全双工模式。

➢ 配置验证

display interface [interface-type [interface-number]]:查看接口信息。

display this:查看接口下配置。

5.2 流量控制

1. 流量控制概述

流量控制用于防止在端口阻塞的情况下丢帧,这种方法是当发送或接收缓冲区开始溢出时通过将阻塞信号发送回源地址实现的。流量控制可以有效地防止由于网络中瞬间的大量数据对网络带来的冲击,保证用户网络高效而稳定的运行。在网络中,由于线速不匹配(如 100Mbps 向 10Mbps 端口发送数据)或者突发的集中传输可能产生网络拥塞,它可能导致这几种情况:延时增加、丢包、重传增加,网络资源不能有效利用。

在实际的网络中,尤其是一般局域网,产生网络拥塞的情况极少,所以有的厂家的交换机并不支持流量控制。但一般高性能的交换机都应支持半双工方式下的反向压力和全双工的 IEEE 802.3x 流控。

桥接式或交换式半双工以太网利用一种内部的方法去处理速度不同的站之间的传输问题,它采用一种所谓的"反向压力(backpressure)"概念。例如,如果一台高速 100Mbps 服务器通过交换机将数据发送给一个10Mbps的客户机,该交换机将尽可能多地缓冲其帧,一旦交换机的缓冲区即将装满,它就通知服务器暂停发送。

有两种方法可以达到这一目的:交换机可以强行制造一次与服务器的冲突,使得服务器退避;或者,交换机通过插入一次"载波检测"使得服务器的端口保持繁忙,这样就能使服务器感觉到交换机要发送数据一样。利用这两种方法,服务器都会在一段时间内暂停发送,从而允许交换机去处理积聚在它的缓冲区中的数据。

在全双工环境中,服务器和交换机之间的连接是一个无碰撞的发送和接收通道,不能使用反向压力技术。那么服务器将一直发送到交换机的帧缓冲器溢出。因此,IEEE制定了一个组合的全双工流量控制标准802.3x。

IEEE 802.3x规定了一种64字节的"PAUSE"(暂停)MAC控制帧的格式。当端口发生阻塞时,交换机向信息源发送PAUSE帧,告诉信息源暂停一段时间再发送信息。

PAUSE功能可以用来控制下列设备之间的数据流。
- 一对终端(简单的两点网络)。
- 一台交换机和一个终端。
- 交换机和交换机之间的链路。

PAUSE功能的增加,是为了防止当瞬时流量过载导致的缓冲区溢出而造成的以太网帧的丢弃。假设一个设备用来处理网络上稳定状态的数据传输,并允许随时间变化有一定数量的流量过载,PAUSE功能可以使这样的设备在流量增长暂时超过其设计水平时,不会发生丢帧现象。该设备通过向对端设备发送PAUSE帧来防止自己内部的缓冲区溢出,而对端设备在接收到PAUSE帧后,就会暂时停止发送数据。这样,使第一个设备有时间来减少自己的缓冲拥塞。

2. 流量控制相关配置

所有配置皆在接口视图下进行,介质两端的端口应同时配置。
- 流量控制的开启与关闭

  flow-control:开启以太网端口的流量控制。

  undo flow-control:关闭以太网端口的流量控制,默认为配置。
- 流量控制自动协商的开启与关闭

  flow-control negotiation:开启以太网端口流量控制的自动协商。

  undo flow-control negotiation:关闭以太网端口流量控制的自动协商,默认为配置。
- 配置验证

  display interface [interface-type [interface-number]]:查看接口信息。

  display this:查看接口下的配置。

5.3 端口聚合

1. 端口聚合概述

端口聚合也称为端口捆绑、端口聚集或链路聚合。端口聚合将多个端口聚合在一起形成1个汇聚组,以实现出、入负荷在各成员端口中的分担,如图5-1所示。从外面看起来,

1个汇聚组好像就是1个端口。端口聚合在数据链路层上实现。在没有使用端口聚合前，百兆以太网的双绞线在两个互联的网络设备间的带宽仅为100Mbps。若想达到更高的数据传输速率，则需要更换传输媒介，使用千兆光纤或升级成为千兆以太网。这样的解决方案成本昂贵，不适合中小型企业和学校应用。如果采用端口聚合技术把多个接口捆绑在一起，则可以以较低的成本满足提高接口带宽的需求。例如，把3个100Mbps的全双工接口捆绑在一起，就可以达到300Mbps的最大带宽。

图 5-1　端口聚合

综上所述，端口聚合的优点如下：

第一，增加网络带宽。端口聚合可以将多个连接的端口捆绑成为一个逻辑连接，捆绑后的带宽是每个独立端口的带宽总和。当端口上的流量增加而成为限制网络性能的瓶颈时，采用支持该特性的交换机可以轻而易举地增加网络的带宽（例如，可以将2～4个100Mbps端口连接在一起组成一个200～400Mbps的连接）。该特性可适用于10Mbps、100Mbps、1 000Mbps以太网。

第二，提高网络连接的可靠性。当主干网络以很高的速率连接时，一旦出现网络连接故障，将会导致大量的数据丢失。高速服务器以及主干网络连接必须保证绝对的可靠。采用端口聚合的一个良好的设计可以对这种故障进行保护，例如，将一根电缆错误地拔下来不会导致链路中断。也就是说，组成端口聚合的一个端口，一旦某一端口连接失败，网络数据将自动重定向到那些正常工作的连接上。这个过程非常快，只需要更改一个访问地址就可以了。然后，交换机将数据转到其他端口，该特性可以保证网络无间断地继续正常工作。

聚合端口两端的参数必须一致，才能保证聚合成功。参数包括物理参数和逻辑参数。另外，完成端口的聚合后，还必须提供机制保证数据流的有序性。

(1) 物理参数
- 进行聚合的链路的数目。
- 进行聚合的链路的速率。
- 进行聚合的链路的双工方式。

(2) 逻辑参数
- STP 配置一致，包括：端口的 STP 使能/关闭、与端口相连的链路属性（如点对点或非点对点）、STP 优先级、路径开销、报文发送速率限制、是否环路保护、是否根保护、是否为边缘端口。
- QoS 配置一致，包括：流量限速、优先级标记、默认的 802.1p 优先级、带宽保证、拥塞避免、流重定向、流量统计等。
- VLAN 配置一致，包括：端口上允许通过的 VLAN、端口默认 VLAN ID。
- 端口配置一致，包括：端口的链路类型，如 Trunk、Hybrid、Access 属性。

(3) 数据流的有序性

数据流就是具有相同源 MAC 地址、目的 MAC 地址、源 IP 地址和目的 IP 地址的一组数据包。

如果要求属于同一个数据流的二层数据帧必须按照顺序到达，在没使用聚合端口时是可以保证的，因为两台设备之间只有一条物理连接。但使用聚合端口技术后，由于两台设备之间有多条物理链路，如果第一个数据帧在第一条链路上传播，第二个数据帧在第二条链路上传播，这样就可能第二个数据帧比第一个数据帧先到达对端设备。

为了避免这种数据包乱序的情况发生，在实现聚合端口的时候引入了一种数据包转机制，确保属于同一个数据流的数据帧按照发送的先后顺序到达目的地。这种机制根据 MAC 地址或 IP 地址等条件来区分数据流，将属于同一数据流的数据帧通过同一条物理链路发送到目的地。具体区分条件如下：

➢ 根据源 MAC 地址区分数据流。
➢ 根据目的 MAC 地址区分数据流。
➢ 根据源 IP 地址区分数据流。
➢ 根据目的 IP 地址区分数据流。
➢ 根据源 MAC 地址＋目的 MAC 地址区分数据流。
➢ 根据源 IP 地址＋目的 IP 地址区分数据流。

2. 端口聚合实现方法

(1) 手工负载分担模式

手工负载分担模式链路聚合是应用比较广泛的一种链路聚合，大多数运营级网络设备均支持该特性。当需要在两个直连设备间提供一个较大的链路带宽而对端设备又不支持 LACP 协议时，可以使用手工负载分担模式。

(2) 静态 LACP 模式

静态 LACP(Link Aggregation Control Protocol，链路聚合控制协议)模式是一种利用 LACP 协议进行聚合参数协商、确定活动接口和非活动接口的链路聚合方式。该模式可实现 M∶N 模式，即 M 条活动链路与 N 条备份链路的模式。实现静态 LACP 模式时，需手工创建 Eth-Trunk，手工加入 Eth-Trunk 成员接口。LACP 除可以检测物理线路故障外，还可以检测链路层故障提高了容错性，保证了成员链路的高可靠性。

与静态 LACP 模式相对应的还包括动态 LACP 模式。动态 LACP 模式的链路聚合，从 Eth-Trunk 的创建到加入成员接口都不需要人工干预，由 LACP 协议自动协商完成。虽然这种方式对于用户来说很简单，但由于这种方式过于灵活，不便于管理，因此应用较少，这里不做过多介绍。

3. 端口聚合相关配置

第一步，创建 Eth-Trunk。

(1) 执行命令 interface eth-trunk *trunk-id*，进入 Eth-Trunk 接口视图。

(2) 执行命令 mode {manual|lacp-static}，配置 Eth-Trunk 的工作模式。默认情况下，Eth-Trunk 的工作模式为手工负载分担模式。

第二步，向 Eth-Trunk 中加入成员接口。

(1) 在 Eth-Trunk 接口视图下。

① 执行命令 interface eth-trunk trunk-id，进入 Eth-Trunk 接口视图。

② 执行命令 trunkport interface-type {interface-number1 [to interface-number2]} & <1-8>，增加成员接口。

(2)在成员接口视图下。

执行命令 eth-trunk *trunk-id*,将当前接口加入 Eth-Trunk。

【注意】 成员加入的两种配置任选其一即可。

第三步,配置验证。

执行 display eth-trunk,查看 Eth-Trunk 接口的配置信息。

5.4 端 口 镜 像

1. 端口镜像概述

端口镜像(Port Mirroring)把交换机一个或多个端口(VLAN)的数据镜像到一个或多个端口的方法。然后进行镜像数据分析,如图 5-2 所示。

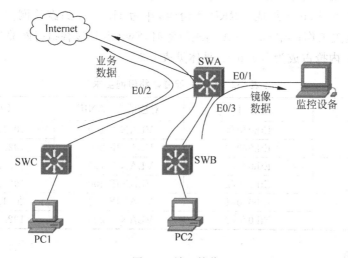

图 5-3 端口镜像

端口镜像可以分为基于端口的镜像和基于流的镜像两种。
- 基于端口的镜像是把被镜像端口的进出数据报文完全复制一份到镜像端口,这样来进行流量观测或者故障定位。以太网交换机支持多对一的镜像,即将多个端口的报文复制到一个监控端口上。
- 基于流的镜像只对满足条件的数据流进行镜像。这些流可能具有相同的目地址、端口号等,根据需求可通过 ACL 等工具灵活定义。

2. 端口镜像相关配置

本节中的值仅给出基于端口的本地镜像配置。

配置步骤如下:

第一步,配置观察接口。

(1)执行命令 system-view,进入系统视图。

(2)执行命令 observe-port *index* **interface** *interface-type interface-number*,配置观察接口。

第二步,配置镜像接口。

(1) 执行命令 interface *interface-type interface-number*,进入镜像接口的接口视图。

(2) 执行命令 port-mirroring to observe-port *index* {both|inbound|outbound},配置接口镜像。

第三步,验证配置。

(1) display port-mirroring 命令用来查看所有已配置的镜像信息。

(2) display observe-port 命令用来查看本设备观察端口的使用情况。

 任务实施

VRRP 配置拓扑实例介绍如下。

1. 组网需求

主机 Host A 通过默认网关访问主机 Host B。

Switch A 和 Switch B 组成 VRRP 备份组,作为 Host A 的默认网关。正常情况下,Switch A 承担网关工作;当 Switch A 出现故障时,Switch B 接替执行网关工作。Switch A 恢复后,能在 20s 内抢占成为 Master。具体见表 5-2。

表 5-2　VRRP 配置拓扑组网要求

设备	接口	对应的 VLANIF	IP 地址
Switch A	Eth0/0/1	VLANIF 100	10.1.1.1/24
	Eth0/0/2	VLANIF 200	192.168.1.1/24
Switch B	Eth0/0/1	VLANIF 100	10.1.1.2/24
	Eth0/0/2	VLANIF 400	192.168.2.1/24
Switch C	Eth0/0/1	VLANIF 300	20.1.1.1/24
	Eth0/0/2	VLANIF 200	192.168.1.2/24

2. 配置思路

采用如下思路配置主备备份 VRRP:在 Switch A 的 VLANIF 100 接口下创建备份组 1,并配置 Switch A 在该备份组中具有高优先级,确保 Switch A 为 Master,配置抢占方式;在 Switch B 的 VLANIF 100 接口下创建备份组 1,使用默认优先级。

3. 数据准备

为完成此配置例,需准备如下的内容。

(1) 创建 VLAN,在 VLANIF 接口配置 IP 地。

(2) Switch A、Switch B 和 Switch C 之间配置 OSPF 协议互联。

(3) VRRP 备份组 ID、虚拟 IP 地址。

(4) 交换机在备份组中的优先级。

(5) 抢占方式。

4. 操作步骤

实现基本连通性。

#(略)

配置 VRRP。

#在 Switch A 上创建备份组 1,并配置 Switch A 在该备份组中的优先级为 120(作为 Master)。

```
[Switch A] interface vlanif 100
[Switch A-Vlanif 100] vrrp vrid 1 virtual-ip 10.1.1.111
[Switch A-Vlanif 100] vrrp vrid 1 priority 120
[Switch A-Vlanif 100] vrrp vrid 1 preempt-mode timer delay 20
[Switch A-Vlanif 100] quit
```

#在 Switch B 上创建备份组 1,并配置 Switch B 在该备份组中的优先级为默认值(作为 Backup)。

```
[Switch B] interface vlanif 100
[Switch B-Vlanif 100] vrrp vrid 1 virtual-ip 10.1.1.111
[Switch B-Vlanif 100] quit
```

5．检验配置结果

(1) 验证 VRRP 备份组能否正常提供网关功能。

完成以上配置后,在 Host A 上能够 Ping 通 Host B,在 Switch A 上执行 display vrrp 命令,可以看到 Switch A 的状态是 Master;在 Switch B 上执行 display vrrp 命令,可以看到 Switch B 的状态是 Backup。如下所示。

```
[Switch A] display vrrp
  Vlanif 100 | Virtual Router 1
    state: Master
    Virtual IP: 10.1.1.111
    Master IP: 10.1.1.1
    PriorityRun: 120
    PriorityConfig: 120
    MasterPriority: 120
    Preempt: YES   Delay Time: 20
    TimerRun: 1
    TimerConfig: 1
    Auth Type: NONE
    Virtual Mac: 0000-5e00-0101
    Check TTL: YES
    Config type: normal-vrrp
    Config track link-bfd down-number: 0
[Switch B] display vrrp
  Vlanif 100 | Virtual Router 1
    state: Backup
    Virtual IP: 10.1.1.111
    Master IP: 10.1.1.1
    PriorityRun: 100
    PriorityConfig: 100
    MasterPriority: 120
    Preempt: YES   Delay Time: 0
```

```
        TimerRun: 1
        TimerConfig: 1
        Auth Type: NONE
        Virtual Mac:   0000 - 5e00 - 0101
        Check TTL: YES
        Config type: normal - vrrp
        Config track link - bfd down - number: 0
```

(2) 验证 Switch A 故障时,Switch B 能够成为 Master。

对 Switch A 的 VLANIF 100 接口执行 shutdown 命令,模拟 Switch A 出现故障。在 Switch B 上使用 display vrrp 命令查看 VRRP 状态信息,应能够看到 Switch B 的状态是 Master,如下所示。

```
    [Switch B] display vrrp
      Vlanif100 | Virtual Router 1
        state: Master
        Virtual IP: 10.1.1.111
        Master IP: 10.1.1.2
        PriorityRun: 100
        PriorityConfig: 100
        MasterPriority: 100
        Preempt: YES   Delay Time: 0
        TimerRun: 1
        TimerConfig: 1
        Auth Type: NONE
        Virtual Mac:   0000 - 5e00 - 0101
        Check TTL: YES
        Config type: normal - vrrp
        Config track link - bfd down - number: 0
```

(3) 验证 Switch A 恢复后能够抢占。

对 Switch A 的 VLANIF 100 接口执行 undo shutdown 命令,VLANIF 100 接口恢复 UP 状态后,等待 20s,在 Switch A 上使用 display vrrp 命令查看 VRRP 状态信息,应能够看到 Switch A 的状态恢复成了 Master。

任务总结

通过本任务的实施,应掌握下列知识和技能。
(1) 掌握以太网端口的几种类型。
(2) 掌握以太网端口流量控制技术。
(3) 掌握以太网端口聚合技术。
(4) 掌握以太网端口镜像技术。

习题

1. 半双工以及全双工端口各自采用什么方式进行流量控制?
2. 请说明配置端口聚合的注意事项。
3. 端口镜像的作用是什么?

项目二

组建IP网络

 知识概要

★ IP 路由原理
★ 静态路由技术
★ 动态路由协议
★ RIP 路由协议
★ OSPF 路由协议

 技能概述

★ IP 数据包转发过程
★ 静态路由实现不同网段的通信
★ 路由引入
★ RIP 路由协议配置
★ OSPF 路由协议配置

任务六　IP 路由原理

任务描述

路由器是能够将数据包在不同逻辑网段间转发的网络设备。路由是指"告诉"路由器如何进行数据报文发送的路径信息。每条路由都包含了目的地址、下一条、出接口、到目的地的代价等要素，路由器要根据自己的路由表对 IP 报文进行转发操作。

6.1　什么是路由

1. 概述

路由器提供了将异构网络互联起来的机制，实现将一个数据包从一个网络发送到另一个网络。路由就是指导 IP 数据包发送的路径，如图 6-1 所示。

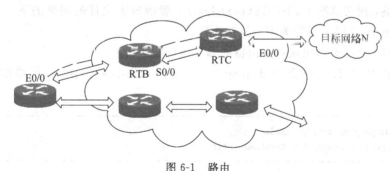

图 6-1　路由

2. 路由器

路由器（Router）是连接因特网中各局域网、广域网的设备，它会根据信道的情况自动选择和设定路由，它是以最佳路径、按前后顺序发送信号的设备。路由器是互联网络的枢纽、"交通警察"。目前路由器已经广泛应用于各行各业，各种不同档次的产品已成为实现各种骨干网内部连接、骨干网间互联和骨干网与互联网互联互通业务的主力军，如图 6-2 所示。

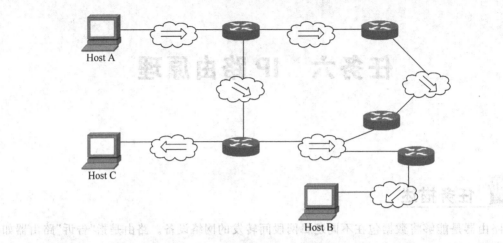

图 6-2 路由器连接网络

6.2 路由原理

之前的学习已经让我们知道了路由和路由器的概念,下面让我们共同研究路由的工作原理。

1. 路由表

路由器工作时依赖于路由表进行数据的转发。路由表犹如一张地图,它包含着去往各个目的地的路径信息(路由条目)。每条信息至少应该包括下面 3 个内容。

- 目的网络:表明路由器可以到达的网络的地址,可理解为去哪里。
- 下一跳:通常情况下,下一跳(next hop)一般指向去往目的网络的下一个路由器的接口地址,该路由器称为下一跳路由器。
- 出接口:表明数据包从本路由器的哪个接口发送出去。

在路由器中,可以通过命令 display ip routing-table 查看路由表,所得结果如图 6-3 所示。

```
[Huawei]display ip routing-table
Route Flags: R - relay, D - download to fib
------------------------------------------------------------
Routing Tables: Public
         Destinations : 6        Routes : 6
Destination/Mask    Proto   Pre  Cost   Flags   NextHop         Interface
      1.1.1.1/32    Direct  0    0      D       127.0.0.1       InLoopBack0
    192.168.1.0/24  Direct  0    0      D       192.168.1.1     Ethernet1/0/0
    192.168.1.1/32  Direct  0    0      D       127.0.0.1       InLoopBack0
    192.168.2.0/24  Static  60   0      RD      192.168.1.254   Ethernet1/0/0
  192.168.1.255/32  Direct  0    0      D       127.0.0.1       InLoopBack0
    ...
```

图 6-3 路由表

路由表中包含了下列关键项。
- Destination：目的地址。用来标识 IP 包的目的地址或目的网络。
- Mask：网络掩码。与目的地址一起来标识目的主机或路由器所在的网段的地址。掩码由若干个连续"1"构成，既可以用点分十进制表示，也可以用掩码中连续"1"的个数来表示。例如掩码 255.255.255.0 长度为 24，即可以表示为 24。
- Proto：即 Protocol，用来生成、维护路由的协议或者方式方法，例如，STATIC、RIP、OSPF、IS-IS、BGP 等，在后续内容中将详细讲解。
- Pre：即 Preference，表示本条路由加入 IP 路由表的优先级。针对同一目的地，可能存在不同下一跳、出接口的若干条路由，这些不同的路由可能是由不同的路由协议发现的，也可以是手工配置的静态路由。优先级高（数值小）者将成为当前的最优路由。
- Cost：路由开销。当到达同一目的地的多条路由具有相同的优先级时，路由开销最小的将成为当前的最优路由。Preference 用于不同路由协议间路由优先级的比较，Cost 用于同一种路由协议内部不同路由优先级的比较。
- NextHop：下一跳 IP 地址。说明 IP 包所经由的下一个设备。
- Interface：输出接口。说明 IP 包将从该路由器哪个接口转发。

在后续内容中，我们将围绕路由表的建立、更新、应用、优化等内容进行更深入的探讨和研究。

2. 路由的过程

在介绍完路由表之后，我们通过一个实例加深对于路由过程的了解。如图 6-4 所示，RTA 左侧连接网络 10.3.1.0，RTC 右侧连接网络 10.4.1.0，当 10.3.1.0 网络有一个数据包要发送到 10.4.1.0 网络时，IP 路由的过程如下：

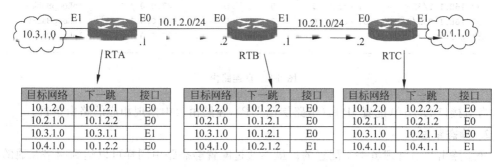

图 6-4 IP 路由的过程

（1）10.3.1.0 网络的数据包被发送给与网络直接相连的 RTA 的 E1 端口，E1 端口收到数据包后查找自己的路由表，找到去往目的地址的下一跳为 10.1.2.2，出接口为 E0，于是数据包从 E0 接口发出，交给下一跳 10.1.2.2。

（2）RTB 的 10.1.2.2(E0) 接口收到数据包后，同样根据数据包的目的地址查找自己的路由表，查找到去往目的地址的下一跳为 10.2.1.2，出接口为 E1，同样，数据包被从 E1 接口发出，交给下一跳 10.2.1.2。

(3) RTC 的 10.2.1.2(E0)接口收到数据后，依旧根据数据包的目的地址查找自己的路由表，查找目的地址是自己的直连网段，并且去往目的地址的下一跳为 10.4.1.1，接口是 E1。最后数据包从 E1 接口送出，交给目的地址。

6.2.1 路由的来源

路由的来源主要有 3 种，分别是直连路由、静态路由和动态路由，介绍如下。

1. 直连路由

直连路由是指与路由器相直连的网段的路由条目。直连路由不需要特别配置，只需要在路由器接口上设置 IP 地址，然后由链路层发现（链路层协议 UP，路由表中即可出现相应路由条目；链路层协议 DOWN，相应路由条目消失）。链路层发现的路由不需要维护，减少了维护的工作。而不足之处是链路层只能发现接口所在的直连网段的路由，无法发现跨网段的路由。跨网段的路由需要用其他的方法获得。

在路由表中，直连路由的 Proto 字段显示为 Direct，如图 6-5 所示。

```
[Huawei-Ethernet1/0/0]ip address 192.168.1.1 24

[Huawei]display ip routing-table
Route Flags: R - relay, D - download to fib
------------------------------------------------------------
Routing Tables: Public
         Destinations : 7        Routes : 7
Destination/Mask      Proto   Pre  Cost    Flags    NextHop         Interface
127.0.0.0/8           Direct   0    0       D       127.0.0.1       InLoopBack0
127.0.0.1/32          Direct   0    0       D       127.0.0.1       InLoopBack0
127.255.255.255/32    Direct   0    0       D       127.0.0.1       InLoopBack0
192.168.1.0/24        Direct   0    0       D       192.168.1.1     Ethernet1/0/0
192.168.1.1/32        Direct   0    0       D       127.0.0.1       InLoopBack0
192.168.1.255/32      Direct   0    0       D       127.0.0.1       InLoopBack0
255.255.255.255/32    Direct   0    0       D       127.0.0.1       InLoopBack0
```

图 6-5 直连路由

当给接口 E1/0/0 配置 IP 后（链路层已 UP），在路由表中出现相应的路由条目。

2. 静态路由

静态路由是由管理员手工配置的。虽然通过配置静态路由同样可以达到网络互通的目的。但这种配置会存在问题，当网络发生故障后，静态路由不会自动修正，必须由管理员重新修改其配置。静态路由一般应用于小规模网络。

在路由表中，静态路由的 Proto 字段显示为 Static，如图 6-6 所示。

3. 动态路由

动态路由是指由动态路由协议发现的路由。

当网络拓扑结构十分复杂时，手工配置静态路由工作量大而且容易出现错误，这时就可用动态路由协议，让其自动发现和修改路由，无须人工维护，但动态路由协议开销大，配置复杂。静态路由与动态路由的基本对比可参考图 6-7。

```
[Huawei]display ip routing - table
Route Flags: R - relay, D - download to fib
----------------------------------------------------------------
Routing Tables: Public
         Destinations : 7        Routes : 7
Destination/Mask      Proto    Pre   Cost    Flags   NextHop         Interface
127.0.0.0/8           Direct   0     0       D       127.0.0.1       InLoopBack0
127.0.0.1/32          Direct   0     0       D       127.0.0.1       InLoopBack0
127.255.255.255/32    Direct   0     0       D       127.0.0.1       InLoopBack0
192.168.1.0/24        Direct   0     0       D       192.168.1.1     Ethernet1/0/0
192.168.1.1/32        Direct   0     0       D       127.0.0.1       InLoopBack0
192.168.2.0/24        Static   60    0       RD      192.168.1.254   Ethernet1/0/0
192.168.1.255/32      Direct   0     0       D       127.0.0.1       InLoopBack0
255.255.255.255/32    Direct   0     0       D       127.0.0.1       InLoopBack0
```

图 6-6 静态路由

静态路由	动态路由
◆ 由网络管理员手工指定的路由。 ◆ 当网络拓扑发生变化时，管理员需要手工更新静态路由。	◆ 路由器使用路由协议从其他路由器那里获悉的路由。 ◆ 当网络拓扑发生变化时，路由器会更新路由信息。

图 6-7 静态路由与动态路由的对比

网络当中存在多种路由协议，例如，RIP、OSPF、IS-IS、BGP 等，各路由协议都其特点和应用环境，在后续的课程中，我们将对部分路由协议做重点讲解。

在路由表中，动态路由的 Proto 字段显示为具体的某种动态路由协议，如图 6-8 所示。

```
[Huawei]display ip routing - table
Route Flags: R - relay, D - download to fib
----------------------------------------------------------------
Routing Tables: Public
         Destinations : 10       Routes : 10
Destination/Mask      Proto    Pre   Cost    Flags   NextHop         Interface
1.1.1.1/32            RIP      100   1       D       12.12.12.1      Serial1/0/0
11.11.11.11/32        OSPF     10    1562    D       12.12.12.1      Serial1/0/0
12.12.12.0/24         Direct   0     0       D       12.12.12.2      Serial1/0/0
12.12.12.1/32         Direct   0     0       D       12.12.12.1      Serial1/0/0
12.12.12.2/32         Direct   0     0       D       127.0.0.1       InLoopBack0
12.12.12.255/32       Direct   0     0       D       127.0.0.1       InLoopBack0
127.0.0.0/8           Direct   0     0       D       127.0.0.1       InLoopBack0
127.0.0.1/32          Direct   0     0       D       127.0.0.1       InLoopBack0
127.255.255.255/32    Direct   0     0       RD      127.0.0.1       InLoopBack0
255.255.255.255/32    Direct   0     0       D       127.0.0.1       InLoopBack0
```

图 6-8 动态路由

6.2.2 路由的优先级

路由的优先级(Preference)是判定路由条目是否能被优选的重要条件。

对于相同的目的地,不同的路由协议(包括静态路由)可能会发现不同的路由,但这些路由并不都是最优的。事实上,在某一时刻,到某一目的地的当前路由仅能由唯一的路由协议来决定。为了判断最优路由,各路由协议(包括静态路由)都被赋予了一个优先级,当存在多个路由信息源时,具有较高优先级(取值较小)的路由协议发现的路由将成为最优路由。各种路由协议及其发现路由的默认优先级如表 6-1 所示。

表 6-1 路由外部优先级

路由协议或路由种类	相应路由的优先级
DIRECT	0
OSPF	10
IS-IS	15
STATIC	60
RIP	100
OSPF ASE	150
OSPF NSSA	150
IBGP	255
EBGP	255

其中:0 表示直接连接的路由,255 表示任何来自不可信源端的路由;数值越小表明优先级越高。

除直连路由(DIRECT)外,各种路由协议的优先级都可由用户手工进行配置。另外,每条静态路由的优先级都可以不相同。

除此以外,优先级有外部优先级和内部优先级之分,外部优先级即前面提到的用户为各路由协议配置的优先级。当不同的路由协议配置了相同的优先级后,系统会通过内部优先级决定哪个路由协议发现的路由将成为最优路由。华为定义的路由协议的内部优先级如表 6-2 所示。

表 6-2 路由内部优先级

路由协议或路由种类	相应路由的优先级
DIRECT	0
OSPF	10
IS-IS Level-1	15
IS-IS Level-2	18
STATIC	60
RIP	100
OSPF ASE	150
OSPF NSSA	150
IBGP	200
EBGP	20

例如,到达同一目的地 10.1.1.0/24 有两条路由可供选择,一条是静态路由,另一条是 OSPF 路由,且这两条路由的协议优先级都被配置成 5。这时路由器将根据表 6-2 所示的内部优先级进行判断。因为 OSPF 协议的内部优先级是 10,高于静态路由的内部优先级 60。所以系统选择 OSPF 协议发现的路由作为可用路由。

【注意】 不同厂商对于优先级值的规定各不相同,表中为华为标准。

6.2.3 路由的度量值

路由度量值表示到达这条路由所指定的路径的代价,也称为路由权值。路由度量值(Metic)也是判定路由条目是否能被优选的重要条件。各路由协议定义度量值的方法不同,通常会考虑以下因素。

(1)跳数:简单的理解路由器的跳数。例如,Host A 去往 Host B 既可以跨越 2 台路由器(跳数为 2),也可以跨越 5 台路由器(跳数为 5)。假设仅使用跳数作为度量,那么最优路径就是跳数最少的路线。在本例中就是跳数为 2 的路径被选择。但此路径一定就是真正的最优路径吗?读者可以思考一下。

(2)链路带宽:带宽(Bandwidth)度量将会选择高带宽路径,而不是低带宽路径。但是,当我们面对一条严重堵塞的高速公路和一条空无一人的普通公路,又该如何抉择呢?

(3)链路时延:时延(Delay)是度量报文经过一条路径所花费的时间。使用时延度量的路由选择协议将会选择使用最低时延的路径作为最优路径。有多种方法可以度量时延。时延不仅要考虑链路时延,而且还要考虑路由器的处理时延和队列时延等因素。另外,路由的时延可能根本无法度量。因此,时延可能是沿路径各接口所定义的静态延时量的总和,其中每个独立的时延量是基于连接口的链路类型估算而得到的。因为延迟是多个重要变量的混合体,所以它是个比较有效的度量。

(4)链路负载:负载(Load)度量反映了占用沿途链路的流量大小。最优路径应该是负载最低的路径。不像跳数和带宽,路径上的负载会发生变化,因而度量也会跟着变化。这里需要当心,如果度量变化过于频繁,路由翻动——最优路径频繁变化——可能就发生了。路由翻动会对路由器的 CPU、数据链路的带宽和全网稳定性产生负面影响。

(5)链路可靠度:可靠性(Reliability)度量是用以度量链路在某种情况下发生故障的可能性,可靠性可以是变化的或固定的。链路发生故障的次数或特定时间间隔内收到错误的次数都是可变可靠性度量的例子。固定可靠性度量是基于管理员确定的一条链路的已知量。可靠性最高的路径将会被最优先选择。

(6)链路 MTU:链路 MTU(Maximum Transmission Unit,最大传输单元)是指该链路上所能传输的最大数据(一般以字节为单位)。在链路情况良好的情况下,一般 MTU 值越大,则数据的有效负载越大。

(7)代价:由管理员设置的代价(Cost)度量可以反应路由的等级。通过任何策略或链路特性可以对代价进行定义,同时代价也可以反映出网络管理员意见的独断性。每当谈论起路由选择的话题时,常常会把代价作为一个通用术语。例如,"RIP 基于跳数选择代价最低的路径"。但还有个通用术语是最短,如"RIP 基于跳数选择最短路径。"当在这种情况中使用它们时,最小代价(最高代价)或虽短(最长)仅仅指的是路由选择协议基于自己特定的度量对路径的一种看法。

6.2.4 路由的选路规则

路由表中有众多条目，当路由器准备转发数据时，将按照最长匹配原则查找出合适条目，再按照条目中指定路径发送。

最长匹配原则应用过程如下：数据报文的转发基于目的 IP 地址进行转发，当数据报文到达路由器时，路由器首先提取出报文的目的 IP 地址，查找路由表，将报文的目的 IP 地址与路由表中的最长的掩码字段做"与"操作，"与"操作后的结果跟路由表该表项的目的 IP 地址比较，相同则匹配上，否则就没有匹配上。若未匹配上，路由器将寻找出拥有第二长掩码字段的条目，并重复刚才的操作，以此类推。一旦匹配成功，路由器将立即按照条目指定路径转发数据包，若最终都未能匹配，则丢弃该数据包。举例如下，图 6-9 中，目的地址为 9.1.2.1 的数据报文将命中 9.1.0.0/16 的路由。

```
[Quidway]display ip routing-table
Routing Tables:
Destination/Mask    proto    pref    Metric    Nexthop      Interface
0.0.0.0/0           Static   60      0         120.0.0.2    Serial0/0
8.0.0.0/8           RIP      100     3         120.0.0.2    Serial0/1
9.0.0.0/8           OSPF     10      50        20.0.0.2     Ethernet0/0
9.1.0.0/16          RIP      100     4         120.0.0.2    Serial0/0
11.0.0.0/8          Static   60      0         120.0.0.2    Serial0/1
20.0.0.0/8          Direct   0       0         20.0.0.1     Ethernet0/2
20.0.0.1/32         Direct   0       0         127.0.0.1    LoopBack0
```

图 6-9 最长匹配原则

6.2.5 负载均衡

负载均衡（Load Sharing）又叫负载分担，如图 6-10 所示，允许路由器利用多路径的优点，在所有可用的路径上发送报文。负载均衡可以是等价或非等价的，这里的代价（Cost）是一个通用术语，它指的是与路由相关联的度量。

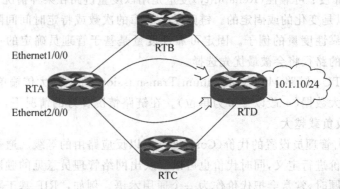

图 6-10 负载均衡

> 等价负载均衡（Equal-Cost Load Sharing）——将流量均等地分布到多条度量相同的路径上。这些度量相同的路径信息或者路由条目称为等价路由（Equal Cost

Multi-Path,ECMP)。
- 非等价负载均衡(Unequal-Cost Load Sharing)——将流量分布到不同度量的多条路径上。各条路径上分布的流量与路由代价成反比。也就是说,代价越低的路径分配的流量越多,代价越高的路径分配的流量越少。

6.2.6 路由的环路

在路由应用中,有一种情况我们需要特别注意,那就是路由环路。

路由环路是指某个报文从一台路由器发出,经过几次转发之后又回到初始的路由器。当产生路由环路时,报文会在几个路由器之间循环转发,直至 TTL=0 时才被丢弃,极大地浪费了网络资源,因此应该尽量避免"路由环路"的产生。

如图 6-11 所示,RTA 有一个到网络 N 的报文,于是将报文转发给 RTC,TTL 值减 1。RTC 收到报文后,由于环路的原因,于是将报转发给 RTB,TTL 值又减 1。RTC 收到报文后,得将去往目的地的报文应该转发给 RTA,再次将 TTL 值减 1,RTA 收到报文后再次转发给 RTC。如此重复,直到 TTL 值减到 0,报文被丢弃。

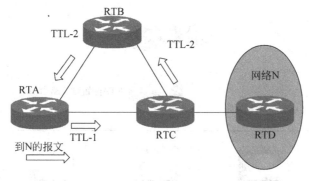

图 6-11 路由环路

路由环路产生的原因如下:
(1) 路由收敛过程中产生的临时环路。
(2) 路由算法的缺陷。
(3) 在不同的路由域相互引入路由时丢失了可以防止环路的信息。
(4) 配置错误。

路由环路对网络危害极大,因此应尽量避免。

 任务实施

1. 默认路由

默认路由的网络地址和子网掩码全部为 0。一般来说,管理员可以通过手工方式也就是静态方式配置默认路由;但有些时候,也可以在边界路由器上使用动态路由协议生成默认路由,然后下发给其他路由,如 OSPF 和 IS-IS 等。

当路由器收到一个目的地在路由表中查找不到的数据包时,会将数据包转发给默认路由指向的下一跳。如果路由表中不存在默认路由,那么该报文将被丢弃,并向源端返回一个

ICMP 报文,报告该目的地址或网络不可达。使用命令 display ip routing-table 查看当前是否设置了默认路由,如图 6-12 粗体所示。

```
[Huawei]display ip routing - table
Route Flags: R - relay, D - download to fib
-------------------------------------------------------------------
Routing Tables: Public
         Destinations : 8      Routes : 8
Destination/Mask    Proto    Pre    Cost    Flags    NextHop        Interface
0.0.0.0/0           Static   60     0       RD       192.168.1.1    Ethernet0/0/0
127.0.0.0/8         Direct   0      0       D        127.0.0.1      InLoopBack0
127.0.0.1/32        Direct   0      0       D        127.0.0.1      InLoopBack0
    ...
```

图 6-12 默认路由

通常情况下,默认路由被应用于末梢网络,如图 6-13 所示。

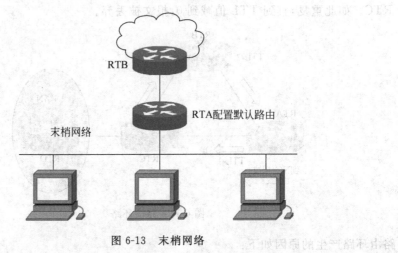

图 6-13 末梢网络

2. 主机路由

主机路由,顾名思义就是针对主机的路由条目。通常用于控制到达某台主机的路径。主机路由的特点是其子网掩码为 32 位,如图 6-14 粗体部分所示。

```
[Huawei]display ip routing - table
Route Flags: R - relay, D - download to fib
-------------------------------------------------------------------
Routing Tables: Public
         Destinations : 8      Routes : 8
Destination/Mask    Proto    Pre    Cost    Flags    NextHop        Interface
1.1.1.1/32          Static   60     0       RD       192.168.1.1    Ethernet0/0/0
127.0.0.0/8         Direct   0      0       D        127.0.0.1      InLoopBack0
127.0.0.1/32        Direct   0      0       D        127.0.0.1      InLoopBack0
    ...
```

图 6-14 主机路由

3. 黑洞路由

黑洞路由是一条指向 NULL0 的路由条目,如图 6-15 粗体部分所示。NULL0 是一个虚拟接口,其特点是永远为 UP,不可关闭。凡是匹配该路由的数据,都将在此路由器上被终结,且不会向源端通告信息。

```
[Huawei]display ip routing-table
Route Flags: R - relay, D - download to fib
------------------------------------------------------------------
Routing Tables: Public
        Destinations : 8      Routes : 8
Destination/Mask        Proto   Pre  Cost  Flags   NextHop       Interface
127.0.0.0/8             Direct  0    0     D       127.0.0.1     InLoopBack0
127.0.0.1/32            Direct  0    0     D       127.0.0.1     InLoopBack0
127.255.255.255/32      Direct  0    0     D       127.0.0.1     InLoopBack0
192.168.0.0/16          Static  60   0     D       0.0.0.0       NULL0
...
```

图 6-15 黑洞路由

任务总结

通过本任务的实施,应掌握下列知识和技能。
(1) 了解路由概念。
(2) 掌握路由器作用。
(3) 掌握特殊路由和路由优先级。

习题

1. 路由的来源有哪些?
2. 路由器接收到 IP 包,如何根据目的 IP 地址命中路由表中的众多路由条目?
3. 什么是默认路由?

任务七　静态路由技术

任务描述

数据的转发完全依靠路由,路由的来源除了通过直连链路自动获得以外,还有一个重要途径就是管理员手工配置静态路由。在早期的网络中,网络的规模不大,路由器数量很少,路由表也相对较少,通常采用手工的方法对每台路由器的路由表进行配置,即静态路由。这种方法适合在规模较小、路由表也相对简单的网络中使用。它较简单,容易实现,沿用了很长一段时间。

相关知识

7.1　静态路由概述

静态路由是指由用户或网络管理员手工配置的路由信息。当网络的拓扑结构或链路的状态发生变化时,网络管理员需要手工去修改路由表中相关的静态路由信息。静态路由信息在默认情况下是私有的,不会传递给其他的路由器。当然,网管员也可以通过对路由器进行设置使之成为共享的。静态路由一般适用于比较简单的网络环境,在这样的环境中,网络管理员易于清楚地了解网络的拓扑结构,便于设置正确的路由信息。静态路由的优缺点如下。

(1) 静态路由的优点
➢ 使用简单,容易实现。
➢ 可精确控制路由走向,对网络进行最优化调整。
➢ 对设备性能要求较低,不额外占用链路带宽。

(2) 静态路由的缺点
➢ 网络是否通畅以及是否优化,完全取决于管理员的配置。
➢ 网络规模扩大时,由于路由表项的增多,将增加配置的繁杂度以及管理员的工作量。
➢ 网络拓扑发生变更时,不能自动适应,需要管理员参与修正。

正是基于上述原因,静态路由一般应用于小规模网络。另外,静态路由也常常应用于路径选择的控制,即控制某些目的网络的路由走向。

7.2 静态路由的配置

静态路由的配置相关命令介绍见表 7-1。

表 7-1 静态路由的配置相关命令介绍

常 用 命 令	视图	作 用
Ip route-static ip-address{*mask*|*mask-length*} {*nexthop-address*|*interface-type interface-number* [*nexthop -address*]} [preference *preference* | tag *tag*]	系统	配置单播静态路由
display ip interface [brief][*interface-type interface-number*]	所有	查看接口与 IP 相关的配置和统计信息或者简要信息
display ip routing-table	所有	查看路由表

 任务实施

静态路由配置举例如下。

1. 组网需求

路由器各接口及主机的 IP 地址和掩码如图 7-1 所示。要求采用静态路由,使图中任意两台主机之间都能互通。

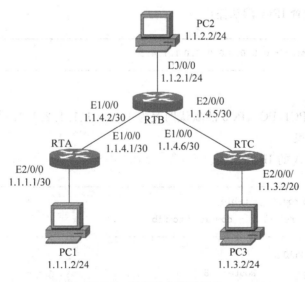

图 7-1 静态路由配置拓扑

2. 配置思路

（1）配置各路由器各接口的 IPv4 地址,使网络互通。
（2）在路由器上配置到目的地址的 IPv4 静态路由及默认路由。

(3) 在各主机上配置 IPv4 默认网关,使任意两台主机可以互通。

3. 数据准备

为完成此配置,需准备如下的数据。

- RTA 的下一跳为 1.1.4.2 的默认路由。
- RTB 的目的地址为 1.1.1.0,下一跳为 1.1.4.1 的静态路由。
- RTB 的目的地址为 1.1.3.0,下一跳为 1.1.4.6 的静态路由。
- RTC 的下一跳为 1.1.4.5 的默认路由。
- 主机 PC1 的默认网关为 1.1.1.1,主机 PC2 的默认网关为 1.1.2.1,主机 PC3 的默认网关为 1.1.3.1。

4. 操作步骤

(1) 配置各接口的 IP 地址(略)。

(2) 配置静态路由。

♯ 在 RTA 上配置 IPv4 缺省路由。

```
[RTA]ip route-static 0.0.0.0 0.0.0.0 1.1.4.2
```

♯ 在 RTB 上配置两条 IPv4 静态路由。

```
[RTB]ip route-static 1.1.1.0 255.255.255.0 1.1.4.1
[RTB]ip route-static 1.1.3.0 255.255.255.0 1.1.4.6
```

♯ 在 RTC 上配置 IPv4 默认路由。

```
[RTC]ip route-static 0.0.0.0 0.0.0.0 1.1.4.5
```

(3) 配置主机。

分别配置主机 PC1、PC2、PC3 的默认网关为 1.1.1.1、1.1.2.1、1.1.3.1。

5. 检查配置结果

♯ 显示 Router A 的 IP 路由表。

```
[RTA] display ip routing-table
Route Flags: R - relay, D - download to fib
------------------------------------------------------------------
Routing Tables: Public
Destinations : 8        Routes : 8
Destination/Mask    Proto    Pre    Cost    Flags    NextHop      Interface
0.0.0.0/0           Static   60     0       RD       1.1.4.2      Ethernet1/0/0
1.1.1.0/24          Direct   0      0       D        1.1.1.1      Ethernet2/0/0
1.1.1.1/32          Direct   0      0       D        127.0.0.1    InLoopBack0
```

1.1.4.0/30	Direct	0	0	D	1.1.4.1	Ethernet1/0/0
1.1.4.1/32	Direct	0	0	D	127.0.0.1	InLoopBack0
1.1.4.2/32	Direct	0	0	D	1.1.4.2	Ethernet1/0/0
127.0.0.0/8	Direct	0	0	D	127.0.0.1	InLoopBack0
127.0.0.1/32	Direct	0	0	D	127.0.0.1	InLoopBack0

使用 ping 命令验证连通性。

```
[RTA] ping 1.1.3.1
  PING 1.1.3.1: 56 data bytes, press CTRL_C to break
    Reply from 1.1.3.1: bytes = 56 Sequence = 1 ttl = 254 time = 62 ms
    Reply from 1.1.3.1: bytes = 56 Sequence = 2 ttl = 254 time = 63 ms
    Reply from 1.1.3.1: bytes = 56 Sequence = 3 ttl = 254 time = 63 ms
    Reply from 1.1.3.1: bytes = 56 Sequence = 4 ttl = 254 time = 62 ms
    Reply from 1.1.3.1: bytes = 56 Sequence = 5 ttl = 254 time = 62 ms
  --- 1.1.3.1 ping statistics ---
    5 packet(s) transmitted
    5 packet(s) received
    0.00% packet loss
    round-trip min/avg/max = 62/62/63 ms
```

【提示】 PC 上的操作同路由器。

使用 Tracert 命令验证连通性。

```
[RTA] tracert 1.1.3.1
traceroute to 1.1.3.1(1.1.3.1), max hops: 30 ,packet length: 40
1 1.1.4.2 31 ms 32 ms 31 ms
2 1.1.4.6 62 ms 63 ms 62 ms
```

【提示】 PC 上的操作同路由器。

任务总结

通过本任务的实施,应掌握下列知识和技能。
(1)了解静态路由的作用。
(2)掌握静态路由的配置。

习题

1. 静态路由一般应用于什么场合?
2. 静态路由的优先级是多少?
3. 静态路由的度量值是多少?

任务八 动态路由协议

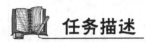

任务描述

路由可以静态配置,也可以通过路由协议来自动生成。动态路由协议能够自动发现和建立路由,并在拓扑变化时自动更新,无须人工维护,所以适应于复杂的网络中。

相关知识

8.1 动态路由协议概述

简单来说,动态路由是指路由器能够自动地建立自己的路由表,并且能够根据实际情况的变化适时地进行调整。

常见的路由协议如下。

➤ RIP：Routing Information Protocol,路由信息协议。
➤ OSPF：Open Shortest Path First,开放式最短路径优先。
➤ IS-IS：Intermediate System to Intermediate System,中间系统到中间系统。
➤ BGP：Border Gateway Protocol,边界网关协议。

简单介绍下各协议：RIP 路由协议配置简单,收敛速度慢,常用于中小型网络；OSPF 协议由 IETF 开发,协议原理本身比较复杂,使用非常广泛；IS-IS 设计思想简单,扩展性好,目前在大型 ISP 的网络中被广泛配置；BGP 用于 AS 之间交换路由信息。

8.2 路由协议分类

1. 根据作用范围

首先,我们需要了解一下自治系统(Autonomous System,AS)的概念。自治系统的典型定义是指由同一个技术管理机构,使用统一选路策略的一些路由器的集合。当前自治系统的概念发生了一些变化,就是指在一个自治系统下,可以使用多个技术管理机构,并可以使用多种选路策略的一些路由器的集合。

每个自治系统都有唯一的自治系统编号,这个编号是由 IANA 分配的。通过不同的编号来区分不同的自治系统。自治系统的编号范围是从 1~65535,其中 1~64511 是注册的因特网编号,64512~65535 是私有网络编号。

根据作用的范围,路由协议可分为:
- 内部网关协议(Interior Gateway Protocol,IGP):在一个自治系统内部运行,常见的 IGP 协议包括 RIP、OSPF 和 IS-IS。
- 外部网关协议(Exterior Gateway Protocol,EGP):运行于不同自治系统之间,BGP 是目前最常用的 EGP 协议。

IGP 和 EGP 的作用如图 8-1 所示。

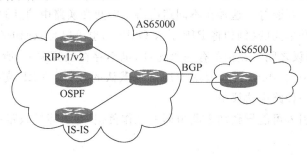

图 8-1　IGP 与 EGP

2. 根据使用的算法

路由算法是指路由协议收集路由信息并对其进行分析,从而得到最佳路由的方式。根据路由算法,路由协议可分为以下两种。

(1) 距离矢量协议(Distance-Vector):包括 RIP 和 BGP。其中,BGP 也被称为路径矢量协议(Path-Vector)。

距离矢量路由协议基于贝尔曼－福特算法,使用该算法的路由器通常以一定的时间间隔向相邻的路由器发送它们完整的路由表。

距离矢量路由器关心的是到目的网段的距离(Metric)和矢量(方向,从哪个接口转发数据)。距离矢量路由协议的优点:配置简单,占用较少的内存和 CPU 处理时间。缺点:扩展性较差,比如 RIP 最大跳数不能超过 16 跳。

(2) 链路状态协议(Link-State):包括 OSPF 和 IS-IS。

链路状态路由协议基于 Dijkstra 算法,有时被称为 SPF(Shortest Path First,最短路径优先)算法。D-V 算法关心网络中链路或接口的状态(up 或 down、IP 地址、掩码),每个路由器将自己已知的链路状态向该区域的其他路由器通告,通过这种方式,区域内的每台路由器都建立了一个本区域的完整的链路状态数据库。然后路由器根据收集到的链路状态信息来创建自己的网络拓扑图,形成一个到各个目的网段的带权有向图。

链路状态算法使用增量更新的机制,只有当链路的状态发生了变化时才发送路由更新信息,这种方式节省了相邻路由器之间的链路带宽。部分更新只包含改变了的链路状态信息,而不是整个的路由表。

3. 根据目的地址类型

根据目的地址的类型,路由协议可分成:
- 单播路由协议(Unicast Routing Protocol):包括 RIP、OSPF、BGP 和 IS-IS 等。

73

- **组播路由协议**(Multicast Routing Protocol)：包括 PIM-SM(Protocol Independent Multicast-Sparse Mode)、PIM-DM(Protocol Independent Multicast-Dense Mode)等。

8.3 路由协议之间的互操作

某些情况下，需要在不同的路由协议中共享路由信息，例如从 RIP 学到的路由信息可能需要引入 OSPF 协议中去。具体应用场景可以为：协议迁移、多厂商设备互联、边界路由器实现不同管理域的互通等。这种在不同路由协议中间交换路由信息的过程被称为路由引入。路由引入可以是单向的（例如将 RIP 引入 OSPF），也可以是双向的（RIP 和 OSPF 互相引入）。不同路由协议之间的花销不存在可比性，也不存在换算关系，所以在引入路由时必须重新设置引入路由的 Metric 值，或者使用系统默认的数值。VRP 支持将一种路由协议发现的路由引入另一种路由协议中。

不恰当的路由引入可能导致加重路由器的工作负担，并可能导致路由环路的产生，应该谨慎使用。

8.4 路由协议的性能指标

什么是好的动态路由协议？一个好的动态路由协议要求具备以下几点。
- **正确性**：路由协议能够正确找到最优的路由，并且是无路由自环。
- **快收敛**：当网络的拓扑结构发生变化时，路由协议能够迅速更新路由，以适应新的网络拓扑。
- **低开销**：要求协议自身的开销（内存、CPU、网络带宽）要最小。
- **安全性**：协议自身不易受攻击，有安全机制。
- **普适性**：能适应各种网络拓扑结构和规模的网络，扩展性好。

任务总结

通过本任务的实施，应掌握下列知识和技能。
（1）了解动态路由协议的背景。
（2）掌握动态路由协议的分类。

习题

1. 根据作用的范围，路由协议被分成哪几类？
2. 根据路由算法，路由协议被分成哪几类？
3. 何时需要进行路由引入？

任务九 RIP 路由协议

静态路由可以使 IP 数据包在不同的网段间传输,但是如果改变了网段或者添加了新的网段,那么所有路由器都需要改变静态路由和添加新的静态路由。那么有没有一种协议能够自动地更新路由信息呢?下面我们介绍的 RIP 就是这种路由协议。

9.1 RIP

路由信息协议(RIP)是一种在网关与主机之间交换路由选择信息的标准。RIP 是一种内部网关协议。

通过本章的学习,我们将掌握 RIP 的工作原理以及操作与维护。

9.1.1 概述

路由信息协议(Routing Information Protocol,RIP)是一种使用最广泛的内部网关协议(IGP)。IGP 是在内部网络上使用的路由协议(在少数情形下,也可以用于连接到因特网的网络),它可以通过不断地交换信息让路由器动态地适应网络连接的变化,这些信息包括每个路由器可以到达哪些网络,这些网络有多远等。RIP 属于网络层协议,并使用 UDP 作为传输协议(RIP 是位于网络层的)。

虽然 RIP 仍然经常被使用,但大多数人认为它将会而且正在被诸如 OSPF 和 IS-IS 这样的路由协议所取代。当然,我们也看到 EIGRP 是一种和 RIP 属于同一基本协议类(距离矢量路由协议,Distance Vector Routing Protocol)但更具适应性的路由协议,也得到了一些使用。

RIP 是一种基于距离矢量(Distance Vector)算法的协议,它通过 UDP 报文进行路由信息的交换,使用的端口号为 520。

RIP 使用跳数(Hop Count)来衡量到达目的地址的距离,换句话说,RIP 采用跳数作为度量值。在 RIP 中,默认情况下,设备到与它直接相连网络的跳数为 0,通过一个设备可达的网络的跳数为 1,其余以此类推。也就是说,度量值等于从本网络到达目的网络间的设备数量。为限制收敛时间,RIP 规定度量值取 0~15 之间的整数,大于或等于 16 的跳数被定义为无穷大,即目的网络或主机不可达。由于这个限制,使得 RIP 不可能在大型网络中得到应用。为提高性能,防止产生路由环路,RIP 支持水平分割(Split Horizon)和毒性逆转(Poison Reverse)功能。

RIP 包括两个版本,RIPv1 与 RIPv2。两者原理相同,RIPv2 是对 RIPv1 的增强。

9.1.2 协议工作过程

1. RIP 的工作过程

RIP 工作过程如图 9-1 所示。

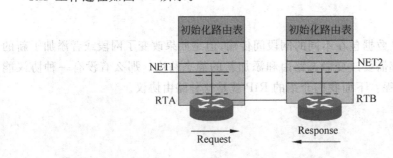

图 9-1 RIP 工作过程

(1) RIP 启动时的初始路由表仅包含本路由器的一些直连接口路由。

(2) RIP 协议启动后向各接口广播一个 Request 报文。

(3) 邻居路由器的 RIP 协议从某接口收到 Request 报文后,根据自己的路由表,形成 Response 报文,向该接口对应的网络广播。

(4) RIP 接收邻居路由器回复的包含邻居路由器路由表的 Response 报文,形成路由表,RIP 协议以 30s 为周期用 Response 报文广播自己的路由表。

(5) 收到邻居发送而来的 Response 报文后,RIP 协议计算报文中的路由项的度量值,比较其与本地路由表路由项度量值的差别,更新自己的路由表。

(6) 报文中路由项度量值的计算:metric = MIN(metric + cost, 16),metric 为报文中携带的度量值信息,cost 为接收报文的网络的度量值开销,默认为 1(1 跳),16 代表不可达。

【注意】 RIP 根据 D-V 算法的特点,将协议的参加者分为主动机和被动机两种。主动机主动向外广播路由刷新报文,被动机被动地接收路由刷新报文。一般情况下,主机作为被动机,路由器则既是主动机又是被动机,即在向外广播路由刷新报文的同时,接收来自其他主动机的 D-V 报文,并进行路由刷新。

2. 路由表更新

RIP 更新示例如图 9-2 所示。

(1) 当本路由器从邻居路由器收到路由更新报文时,根据以下原则更新本路由器的 RIP 路由表。

① 对本路由表中已有的路由项,当该路由项的下一跳是邻居路由器时,不论度量值增大或是减少,都更新该路由项(度量值相同时只将其老化定时器清零)。当该路由项的下一

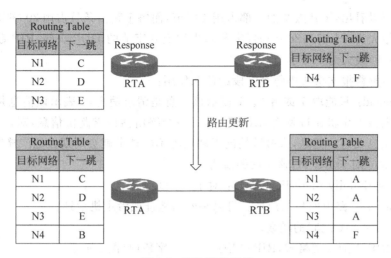

图 9-2 RIP 更新示例

跳不是邻居路由器时,只在度量值减少时更新该路由项。

② 对本路由表中不存在的路由项,在度量值小于不可达(16)时,在路由表中增加该路由项。

(2) 路由表中的每一路由项都对应一个定时器,当路由项在 180s 内没有任何更新时,定时器超时,该路由项的度量值变为不可达(16)。

(3) 某路由项的度量值变为不可达后,以该度量值在 Response 报文中发布 4 次(120s),之后从路由表中清除。

RIP 有 RIPv1、RIPv2 两个版本,其中 RIPv2 是对 RIPv1 的改进。比如更新方式、对 CIDR 的支持、验证等方面。其中报文格式如图 9-3 所示。

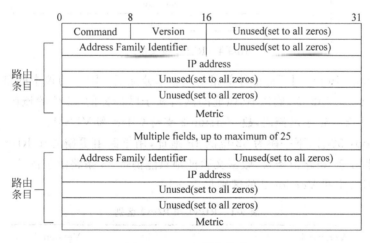

图 9-3 RIPv1 报文格式

RIPv1 的报文格式如图 9-3 所示,每个报文包括一个 Command(命令标识)、一个 Version(版本号)和路由条目(最大 25 条),每个路由条目包括 Address Family Identifier(地址族标识)、路由可达的 IP 地址和路由跳数(Metric)。如果某台路由器必须发送大于 25 条路由的更新消息,那么必须产生多条 RIP 报文。

从图中可以看出，RIP 报文的头部占用 4 字节，而每个路由条目占用 20 字节，因此，RIP 报文的大小最大为 4＋25×20＝504（字节），再加上 8 字节的 UDP 头部，RIP 数据报文（不含 IP 包的头部）最大为 512 字节。

下面详细解释报文格式中每个字段的值和作用：
- Command：只能取 1 或者 2。1 表示该消息是请求消息，2 表示该消息是响应消息。路由器或者主机通过发送请求消息向另一个路由器请求路由信息，对端路由器使用响应消息回答。但是，大多数情况下路由器不经请求就会周期性地广播响应报文。
- Version：对于 RIPv1，该字段的值为 1。
- Address Family Identifier(AFI)：对于 IP，该项为 2。
- IP address：路由的目的地址。可以是网络地址或者主机地址。
- Metric：1～16 之间的跳数。

相对于 RIPv1 的报文格式，RIPv2 增加了几个字段（见图 9-4）。

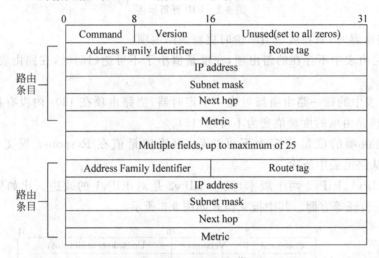

图 9-4　RIPv2 报文格式

- Route tag：16 位，用于标记外部路由或者重分配到 RIPv2 协议中的路由。
- Subnet mask：32 位，确认 IP 地址的网络和子网部分的 32 位的掩码。在 RIPv2 通告过程中会携带子网掩码，故 Version 2 支持 CIDR 和 VLSM。
- Next hop：32 位，下一跳为 32 位的 IP 地址，用于路由更新时在 RIPv2 中做明文验证，可携带 24 条路由条目，做密文验证则只能携带 23 条路由条目。

其中 Version 1 和 Version 2 的区别见表 9-1。

表 9-1　RIPv1 和 RIPv2 区别

Version 1	Version 2
RIPv1 为有类别路由协议，不支持 VLSM 和 CIDR	RIPv2 为无类别路由协议，支持 VLSM，支持路由聚合与 CIDR
以广播的形式发送报文	支持以广播或者组播（224.0.0.9）的形式发送报文
不支持验证	支持明文验证和 MD5 密文验证
不支持手工汇总	支持手工汇总

续表

Version 1	Version 2
无	Address Family Identifier
无	Subnet mask
无	Next hop（用于路由更新中）

9.2 协议自身的问题及改进

前面我们提到 RIP 采用周期性更新方式通告自身信息，那么则会有如下问题产生：

如图 9-5 所示，在网络 11.4.0.0 发生故障之前，所有的路由器都具有正确一致的路由表，网络是收敛的。在本例中，路径开销用跳数来计算，所以，每条链路的开销是 1。路由器 C 与网络 11.4.0.0 直连，跳数为 0。路由器 B 经过路由器 C 到达网络 11.4.0.0，跳数为 1。路由器 A 经过路由器 B 到达网络 11.4.0.0，跳数为 2。

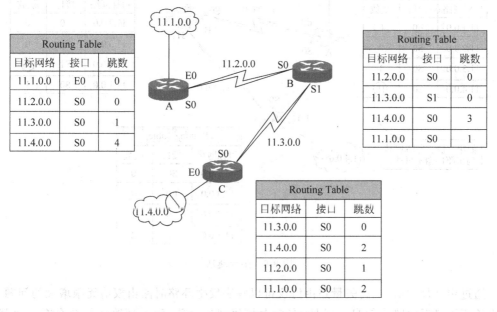

图 9-5 RIP 环路产生示例

如果网络 11.4.0.0 故障，就可能会在路由器之间产生路由环路，下面是产生路由环路的步骤。

（1）当网络 11.4.0.0 发生故障，路由器 C 最先收到故障信息，路由器 C 把网络 11.4.0.0 设为不可达，并等待更新周期到来后通告这一路由变化给相邻路由器。如果路由器 B 的路由更新周期在路由器 C 之前到来，那么路由器 C 就会从路由器 B 那里学习到去往 11.4.0.0 的新路由（实际上，这一路由已经是错误路由了）。这样路由器 C 的路由表中就记录了一条错误路由（经过路由器 B，可往网络 11.4.0.0，跳数增加到 2）。

（2）路由器 C 学习了一条错误信息后，它会把这样的路由信息再次通告给路由器 B，根据通告原则,路由器 B 也会更新这样一条错误路由信息,认为可以通过路由器 A 去往网络 11.4.0.0,跳数增加到 3。

(3) 这样,路由器 B 认为可以通过路由器 C 去往网络 11.4.0.0,路由器 C 认为可以通过路由器 B 去往网络 11.4.0.0,就形成了环路。

在此可得出一个结论:当网络发生故障或者网络拓扑发生改变的时候,由于网络收敛速度慢,造成网络数据库不一致,从而造成路由环路。

为此我们可采用如下解决方法避免环路。

➢ 最大跳法——在 RIP 中最大跳为 15 跳,16 跳认为不可达。

如图 9-6 所示,发生路由环路时,路由器去往网络 11.4.0.0 的跳数会不断地增大,网络无法收敛。为解决这个问题,我们给跳数定义一个最大值,在 RIP 路由协议中,允许跳数最大值为 16。在图中,当跳数到达最大值时,网络 11.4.0.0 被认为是不可达的。路由器会在路由表中显示网络不可达信息,并不再更新到达网络 11.4.0.0 的路由。

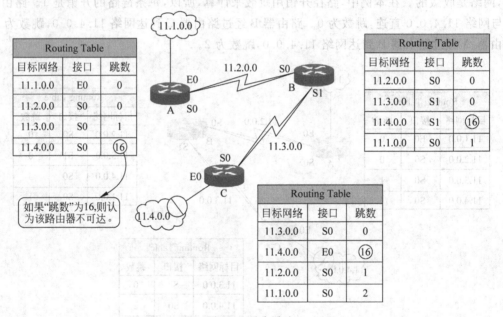

图 9-6 最大跳法

通过定义最大值,距离矢量路由协议可以解决发生环路时路由权值无限增大的问题,同时也校正了错误的路由信息。但是,在最大权值到达之前,路由环路还是会存在。也就是说,以上解决方案只是补救措施,不能避免环路产生,只能减轻路由环路产生的危害。

➢ 水平分割——从此接口发送的数据报文,不再通过此接口返回。

如图 9-7 所示,路由器 C 告诉路由器 B 去往网络 11.4.0.0 的路由,路由器 B 会把此路由信息传递给路由器 A。同时,也会再传回给路由器 C。网络 11.4.0.0 没有崩溃时,路由器 C 不会接受路由器 B 传递来的去往网络 11.4.0.0 的路由信息。因为,路由器 C 有花费更小的路由。

如果路由器 C 到达网络 11.4.0.0 的路由崩溃了,路由器 C 就会接受路由器 B 传递来的去往网络 11.4.0.0 的路由信息,尽管这条路由信息已经是错误路由了(因为随着路由器 C 去往网络 11.4.0.0 的路由崩溃,路由器 B 从路由器 C 学到的去往网络 11.4.0.0 路由也

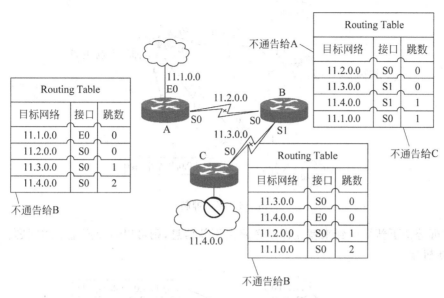

图 9-7 水平分割

就错误了)。但是路由器 C 并不知道这一点。这样,路由器 B 认为可以通过路由器 C 去往网往 11.4.0.0,路由器 C 认为可以通过路由器 B 去往网络 11.4.0.0,就形成了环路。

水平分割方法就是解决这样问题的,水平分割不允许路由器将路由更新信息再次传回到传出该路由信息的端口。图 9-8 中,路由器 B 从路由器 C 那里学习到了去往网络 11.4.0.0 的路由。水平分割规定:路由器 B 不再把去往网络 11.4.0.0 的路由信息传回给路由器 C,从而在一定程度上避免了环路的产生。

> 路由抑制——控制路由器在抑制时间内不更新自己的路由表

路由抑制可以在一定程度上避免路由环路产生,同时也可以抑制因复位接口等原因引起的网络动荡。这种方法在网络故障或接口复位时可以抑制相应的路由,同时启动抑制时间,控制路由器在抑制时间内不要轻易更新自己的路由表,从而避免环路产生、抑制网络动荡。

如图 9-8 所示,当网络 11.4.0.0 发生故障时,路由器 C 抑制自己路由表中相应的路由项,也就是在路由表中使到达网络 11.4.0.0 的路径开销是无穷大(也就是不可达),同时启动抑制时间,在抑制时间结束之前的任何时刻,如果从同一相邻路由器(或同一方向)又接收到此路由可达的更新信息时,路由器就将网络标识为可达,并删除抑制时间。

如果接收到其他的相邻路由器的更新信息,且新的权值比以前的权值好,则路由器就将更新路由表,并接受这一更优的路由,然后删除抑制时间。

在抑制时间结束之前的任何时刻,如果从其他的相邻路由器接收到路径可用的更新信息时,但新的权值没有以前的权值好,则不接收此更新路由。如果在抑制时间过后,路由器仍能收到该更新路由信息,则路由器将更新路由表。

> 触发式更新——有变化立即通告出去。

如图 9-9 所示,网络 11.4.0.0 不可达了,路由器 C 最先得到这一信息。通常,更新路由信息会定时发送给相邻路由器。例如,RIP 协议每隔 30s 发送一次。但如果在路由器 C 等待更新周期到来的时候,路由器 B 的更新报文传到了路由器 C,路由器 C 就会学到路由器 B 的去往网络 11.4.0.0 的错误路由,这样就会形成路由环路。如果路由器 C 发现网络故障

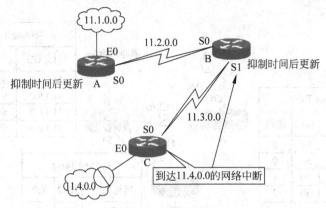

图 9-8 路由抑制

之后,不再等待更新周期到来就立即发送路由更新信息,则可以避免产生上述问题。这就是触发更新机制。

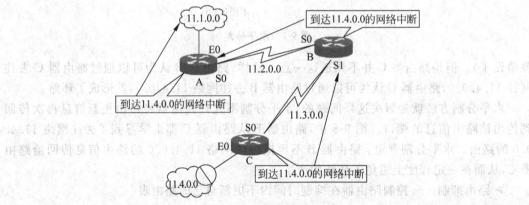

图 9-9 触发式更新

触发更新机制是在路由信息产生某些改变时立即发送给相邻路由器一种称为触发更新的信息。路由器检测到网络拓扑变化,立即依次发送触发更新信息给相邻路由器,如果每个路由器都这样做,这个更新会很快传播到整个网络。图中,路由器 C 立即通告网络 11.4.0.0 不可达信息,路由器 B 接收到这个信息,就从 S0 口发出网络 11.4.0.0 不可达信息,路由器 A 也相应从 E0 口通告此信息。

9.3 配置举例

RIP 相关命令见表 9-2。

表 9-2 RIP 相关命令介绍

常用命令	作用
system-view	进入系统视图
rip [*process-id*]	启动 RIP,进入 RIP 视图
network *network-address*	按照主类在指定网段使能 RIP

续表

常用命令	作用
version {1|2}	指定全局 RIP 版本
rip version {1|2[broadcast|multicast]}	指定接口接收的 RIP 版本(接口视图)
rip metricin value	设置接口在接收路由时增加的度量值
rip metricout {value | {acl-number | acl-name acl-name | ip-prefix ip-prefix-name} value1}	设置接口在发布路由时增加的度量值(接口视图)
preference preference	设置 RIP 协议的优先级,默认为 100(进程视图)
maximum load-balancing number	设置 RIP 最大等价路由条数(进程视图)
import-route {static|direct|rip process-id}	引入外部路由信息(进程视图)
rip summary-address ip-address mask	配置 RIP-2 发布聚合的本地 IP 地址(接口视图)
rip split-horizon	启动水平分割(接口视图,默认开启)
rip poison-reverse	启动毒性反转(接口视图,默认关闭)
display rip [process-id]	查看 RIP 的当前运行状态及配置信息
display rip process-id route	查看所有激活、非激活的 RIP 路由
display default-parameter rip	查看 RIP 的默认配置信息

任务实施

1. 案例一：配置 RIP 版本 2

(1) 配置思路

采用如下的思路配置 RIP 的版本。

➢ 配置各接口的 IP 地址,使网络可达(见图 9-10)。

➢ 在各路由器上使能 RIP,配置 RIP 基本功能。

➢ 在各路由器上配置 RIP-2 版本,查看精确的子网掩码信息。

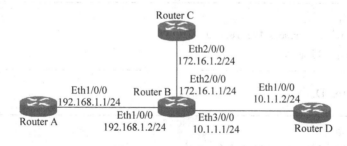

图 9-10　RIP 实验示例一

(2) 数据准备

为完成此配置例,需准备如下的数据。

➢ 在 Router A 上指定使能 RIP 的网段 192.168.1.0。

➢ 在 Router B 上指定使能 RIP 的网段 192.168.1.0、172.16.0.0、10.0.0.0。

➢ 在 Router C 上指定使能 RIP 的网段 172.16.0.0。

➢ 在 Router D 上指定使能 RIP 的网段 10.0.0.0。

➢ 在 Router A、Router B、Router C 和 Router D 上配置 RIP-2 版本。

(3) 操作步骤

① 配置各接口的 IP 地址。

(略)

② 配置 RIP 基本功能。

♯配置 Router A。

```
[Router A] rip
```

//进入 RIP 进程视图

```
[Router A-rip-1] network 192.168.1.0
```

//按照 A、B、C 主类网段使能 RIP

```
[Router A-rip-1] quit
```

//退出 RIP 进程视图

♯配置 Router B。

```
[Router B] rip
[Router B-rip-1] network 192.168.1.0
[Router B-rip-1] network 172.16.0.0
[Router B-rip-1] network 10.0.0.0
[Router B-rip-1] quit
```

♯配置 Router C。

```
[Router C] rip
[Router C-rip-1] network 172.16.0.0
[Router C-rip-1] quit
```

♯配置 Router D。

```
[Router D] rip
[Router D-rip-1] network 10.0.0.0
[Router D-rip-1] quit
```

♯查看 Router A 的 RIP 路由表。

```
[Router A]display rip 1 route
Route Flags: R - RIP
 A - Aging, S - Suppressed, G - Garbage-collect
```

```
--------------------------------------------------------------------
    Peer 192.168.1.2    on Ethernet1/0/0
Destination/Mask        Nexthop         Cost        Tag         Flags       Sec
10.0.0.0/8              192.168.1.2     1           0           RA          14
172.16.0.0/16           192.168.1.2     1           0           RA          14
```

从路由表中可以看出,RIP-1 发布的路由信息使用的是自然掩码。

③ 配置 RIP 的版本。

♯ 在 Router A 上配置 RIP-2。

```
[Router A]rip
[Router A-rip-1] version 2        //在进程视图下修改全局 RIP 版本为 Version 2
[Router A-rip-1] quit
```

♯ 在 Router B 上配置 RIP-2。

```
[Router B] rip
[Router B-rip-1] version 2
[Router B-rip-1] quit
```

♯ 在 Router C 上配置 RIP-2。

```
[Router C]rip♯
[Router C-rip-1] version 2
[Router C-rip-1] quit
```

♯ 在 Router D 上配置 RIP-2。

```
[Router D] rip
[Router D-rip-1] version 2
[Router D-rip-1] quit
```

④ 验证配置结果。

♯ 查看 Router A 的 RIP 路由表。

```
[Router A]display rip 1 route
Route Flags: R - RIP
     A - Aging, S - Suppressed, G - Garbage-collect
--------------------------------------------------------------------
Peer 192.168.1.2    on Ethernet1/0/0
Destination/Mask        Nexthop         Cost        Tag         Flags       Sec
10.1.1.0/24             192.168.1.2     1           0           RA          32
172.16.1.0/24           192.168.1.2     1           0           RA          32
```

从路由表中可以看出,RIP-2 发布的路由中带有更为精确的子网掩码信息。

2. 案例二：配置 RIP 外部路由

如图 9-11 所示，Router B 上运行两个 RIP：RIP 100 和 RIP 200。Router B 通过 RIP 100 和 Router A 交换路由信息，通过 RIP 200 和 Router C 交换路由信息。要求在 Router B 上配置路由引入，将两个不同进程的 RIP 路由相互引入对方的 RIP 进程中，将引入的 RIP 200 的路由默认度量值设为 3。并且需要在 Router B 上配置过滤策略，对引入的 RIP 200 的一条路由（192.168.4.0/24）进行过滤，使其不发布给 Router A。

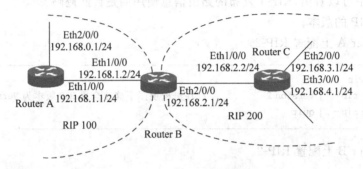

图 9-11 RIP 实验示例二

（1）配置思路

采用如下的思路配置 RIP 引入外部路由。

- 在各路由器上使能 RIP 100 和 RIP 200，指定网段。
- 配置 Router B，将两个不同 RIP 进程的路由分别引入对方的路由表中，并将引入的 RIP 200 的路由的默认权值设为 3。
- 在 Router B 上配置 ACL，对引入的 RIP 200 的路由进行过滤。

（2）数据准备

为完成此配置例，需准备如下的数据。

- 在 Router A 上使能 RIP 100，指定网段 192.168.1.0、192.168.0.0。
- 在 Router B 上使能 RIP 100 和 RIP 200，指定网段 192.168.1.0、192.168.2.0。
- 在 Router C 上使能 RIP 200，指定网段 192.168.2.0、192.168.3.0、192.168.4.0。
- 在 Router B 上将 RIP 200 的路由引入 RIP 100，并设置引入路由的默认权值为 3。配置 ACL2000，拒绝源为 192.168.4.0 网段的路由通过。

（3）操作步骤

① 配置各接口的 IP 地址。

（略）

② 配置 RIP 基本功能。

\# 在 Router A 上启动 RIP 进程 100。

```
[Router A]rip 100
[Router A-rip-100]network 192.168.0.0
[Router A-rip-100]network 192.168.1.0
[Router A-rip-100]quit
```

#在 Router B 上启动两个 RIP 进程,进程号分别为 100 和 200。

```
[Router B]rip 100
[Router B - rip - 100]network 192.168.1.0
[Router B - rip - 100]quit
[Router B]rip 200
[Router B - rip - 200]network 192.168.2.0
[Router B - rip - 200]quit
```

#在 Router C 上启动 RIP 进程 200。

```
[Router C]rip 200
[Router C - rip - 200]network 192.168.2.0
[Router C - rip - 200]network 192.168.3.0
[Router C - rip - 200]network 192.168.4.0
[Router C - rip - 200]quit
```

#查看 Router A 的路由表信息。

```
[Router A] display ip routing - table
Route Flags: R - relay, D - download to fib
Routing Tables: Public
        Destinations : 7     Routes : 7
Destination/Mask      Proto     Pre    Cost   Flags   NextHop          Interface
127.0.0.0/8           Direct    0      0      D       127.0.0.1        InLoopBack0
127.0.0.1/32          Direct    0      0      D       127.0.0.1        InLoopBack0
192.168.0.0/24        Direct    0      0      D       192.168.0.1      Ethernet2/0/0
192.168.0.1/32        Direct    0      0      D       127.0.0.1        InLoopBack0
192.168.1.0/24        Direct    0      0      D       192.168.1.1      Ethernet1/0/0
192.168.1.1/32        Direct    0      0      D       127.0.0.1        InLoopBack0
192.168.1.2/32        Direct    0      0      D       192.168.1.2      Ethernet1/0/0
```

③ 配置 RIP 并引入外部路由。

#在 Router B 上设置默认路由值为 3,并将两个不同 RIP 进程的路由相互引入到对方的路由表中。

```
[Router B]rip 100
[Router B - rip - 100]default - cost 3
[Router B - rip - 100]import - route rip 200
[Router B - rip - 100]quit
[Router B]rip 200
[Router B - rip - 200]import - route rip 100
[Router B - rip - 200]quit
```

#查看路由引入后 Router A 的路由表信息。

```
[Router A] display ip routing - table
Route Flags: R - relay, D - download to fib
Routing Tables: Public
        Destinations : 10      Routes : 10
Destination/Mask    Proto    Pre    Cost    Flags    NextHop        Interface
127.0.0.0/8         Direct   0      0       D        127.0.0.1      InLoopBack0
127.0.0.1/32        Direct   0      0       D        127.0.0.1      InLoopBack0
192.168.0.0/24      Direct   0      0       D        192.168.0.1    Ethernet2/0/0
192.168.0.1/32      Direct   0      0       D        127.0.0.1      InLoopBack0
192.168.1.0/24      Direct   0      0       D        192.168.1.1    Ethernet1/0/0
192.168.1.1/32      Direct   0      0       D        127.0.0.1      InLoopBack0
192.168.1.2/32      Direct   0      0       D        192.168.1.2    Ethernet1/0/0
192.168.2.0/24      RIP      100    4       D        192.168.1.2    Ethernet1/0/0
192.168.3.0/24      RIP      100    4       D        192.168.1.2    Ethernet1/0/0
192.168.4.0/24      RIP      100    4       D        192.168.1.2    Ethernet1/0/0
```

④ 配置 RIP 对引入的路由进行过滤。

在 Router B 上配置 ACL,并增加一条规则：拒绝源地址为 192.168.4.0/24 的数据包。

```
[Router B]acl 2000
[Router B - acl - basic - 2000]rule deny source 192.168.4.0 0.0.0.255
[Router B - acl - basic - 2000]rule permit
[Router B - acl - basic - 2000]quit
```

在 Router B 上按照 ACL 的规则对引入的 RIP 进程 200 的路由 192.168.4.0/24 进行过滤。

```
[Router B]rip 100
[Router B - rip - 100]filter - policy 2000 export
[Router B - rip - 100]quit
```

⑤ 验证配置结果。

查看过滤后 Router A 的路由表。

```
[Router A] display ip routing - table
Route Flags: R - relay, D - download to fib
Routing Tables: Public
        Destinations : 9       Routes : 9
Destination/Mask    Proto    Pre    Cost    Flags    NextHop        Interface
127.0.0.0/8         Direct   0      0       D        127.0.0.1      LoopBack0
127.0.0.1/32        Direct   0      0       D        127.0.0.1      InLoopBack0
192.168.0.0/24      Direct   0      0       D        192.168.0.1    Ethernet2/0/0
192.168.0.1/32      Direct   0      0       D        127.0.0.1      InLoopBack0
192.168.1.0/24      Direct   0      0       D        192.168.1.1    Ethernet1/0/0
```

192.168.1.1/32	Direct	0	0	D	127.0.0.1	InLoopBack0
192.168.1.2/32	Direct	0	0	D	192.168.1.2	Ethernet1/0/0
192.168.2.0/24	RIP	100	4	D	192.168.1.2	Ethernet1/0/0
192.168.3.0/24	RIP	100	4	D	192.168.1.2	Ethernet1/0/0

 任务总结

通过本任务的实施,应掌握下列知识和技能。
(1) 了解 RIP 产生的背景。
(2) 掌握 RIP 路由协议的工作过程。
(3) 掌握 RIP 路由协议的防止环路措施。
(4) 掌握 RIP 路由协议配置命令。

 习题

1. RIP 环路产生的原因及其解决方法是什么?
2. RIP 有哪两种报文?
3. RIP Version 1 和 Version 2 的区别是什么?

任务十 OSPF 路由协议

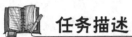

任务描述

RIP 路由协议需要定期(30s)地将自己的路由表广播到网络当中,因此会形成对网络拓扑的聚合,并导致聚合的速度慢而且极容易引起广播风暴、累加到无穷、路由环致命问题等。RIP 基于跳数的限制不适合大型网络,这时就需要一种新的路由协议来适应网络的发展,OSPF 就是这种路由协议,接下来我们来探讨一下 OSPF 路由协议。

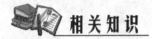

10.1 OSPF 概述

OSPF(Open Shortest Path First,开放式最短路径优先)是一个内部网关协议(Interior Gateway Protocol,IGP),用于在单一自治系统(Autonomous System,AS)内决策路由,是对链路状态路由协议的一种实现,隶属内部网关协议(IGP),故运作于自治系统内部。著名的迪克斯加算法被用来计算最短路径树。与 RIP 相比,OSPF 是链路状态协议,而 RIP 是距离矢量协议。

开放式最短路径优先路由协议由互联网工程任务组(IETF)开发。OSPF 发展主要经过了 3 个版本:OSPF v1 在 RFC 1131 中定义,该版本只处于试验阶段,并未公布;现今在 IPv4 网络中主要应用 OSPF v2,它最早在 RFC 1247 中定义,之后在 RFC 2328 中得到完善和补充;面对 IPv4 地址耗尽问题,对现有版本改进为 OSPF v3,从而能很好地支持 IPv6。(在后面阐述中所说 OSPF 默认即为版本 2)

与 RIP 不同的是,OSPF 直接运行于 IP 协议之上,使用 IP 协议号 89。它的封装方式如表 10-1 所示。

表 10-1 OSPF 报文封装

Link Layer Header	IP Packet Header	OSPF Protocol Packet	Frame Checksum

OSPF 特点如下。

> 支持 CIDR 和 VLSM。OSPF 在通告路由信息时,在其协议报文中携带子网掩码,使其能很好支持 VLSM(可变长度子网掩码)和 CIDR(无类域间路由)。

> 无路由自环。在该协议中采用 SPF（最短路径优先）算法，形成一棵最短路径树，从根本上避免了路由环路的产生。
> 支持区域分割。为了防止区域边界范围过大，OSPF 允许自治系统内的网络被划分成区域来管理。通过划分区域实现更加灵活的分级管理。在其后将详细阐述。
> 路由收敛变化速度快。OSPF 作为链路状态路由协议，其更新方式采用触发式增量更新，即网络发生变化时候会立刻发送通告出去，而不像 RIP 那样要等到更新周期的到来才会通告，同时其更新也只发送改变部分，只在很长时间段内才会周期性更新，默认为 30 分钟一次。因此它的收敛速度要比 RIP 快很多。
> 使用组播和单播收发协议报文。为了防止协议报文过多占用网络流量，OSPF 不再采用广播的更新方式，使用组播和单播大大减少了协议报文发送数目。
> 支持等价负载分担。OSPF 只支持等价负载分担，即只支持从源到目标开销值完全相同的多条路径的负载分担。默认为 4 条，最大为 8 条。它不支持非等价负载分担。
> 支持协议报文的认证。为了防止非法设备连接到合法设备从而获取全网路由信息，只有通过验证才可以形成邻接关系。它支持明文的接口、区域认证，密文的接口、区域认证。

10.2 OSPF 协议工作过程

OSPF 工作原理可分为邻居发现阶段、建立邻接关系、LSDB 同步、路由计算四个阶段。

1. 邻居发现阶段

在 OSPF 配置初始，每一台路由器都会向其物理直连邻居发送用于发现邻居的 Hello 报文，在 Hello 报文中包含如下信息。
> 始发路由器的路由器 ID(Router ID)。
> 始发路由器接口的区域 ID(Area ID)。
> 始发路由器接口的地址掩码。
> 始发路由器接口的认证类型和认证信息。
> 始发路由器接口的 Hello 时间间隔。
> 始发路由器接口的路由器无效时间间隔。
> 路由器的优先级。
> 指定路由器(DR)和备份指定路由器(BDR)。
> 标识可选性能的 5 个标记位。
> 始发路由器的所有有效邻居的路由器 ID。

当一台路由器从它的邻居路由器收到一个 Hello 数据包时，它将检验该 Hello 数据包携带的区域 ID、认证信息、网络掩码、Hello 间隔时间、路由器无效时间间隔以及可选项的数值是否和接收端口上配置的对应值相匹配。如果不匹配，那么该数据包将被丢弃，而且邻接关系也无法建立。如果所有的参数都匹配，那么这个 Hello 数据包就被认为是有效的。而且如果始发路由器的路由器 ID 已经在接收该 Hello 数据包的接口的邻居表中列出，那么路由器无效时间间隔计时器将被重置。如果始发路由器的路由器 ID 没有在邻居表中列出，那么就把这个路由器ID加入它的邻居表中。

> 【注意】 路由器ID即Router ID，它是唯一标识运行OSPF协议的一台路由器。在华为设备中经常设置为掩码为32bit的IP主机地址，关于这样的标识地址产生原则有如下三条。
>
> - 手工指定：通过命令router id ip-address设置，一般指定逻辑的环回口地址（环回口地址的稳定性）。
> - 环回口地址：如果没有手工指定，则选择环回口IP地址；如果有多个环回口，则比较IP地址大的作为Router ID。
> - 物理接口IP地址：如果没有创建环回口，则选用物理接口IP地址。如果有多个IP地址，则同样选择IP地址最大的作为Router ID。

2. 邻接关系建立阶段

接上所述，如果一台路由器收到了一个有效的Hello数据包，并在这个Hello数据包中发现了自己的路由器ID，那么这台路由器就认为是双向通信（two-way communication）建立成功了。

但是在多路访问网络当中并不是所有物理直连邻居都会形成邻接关系，在这里存在一个DR/BDR的选举，在其后我们会详细阐述缘由。在建立邻居关系（或者在多路访问网络中选择出DR/BDR）之后，则进入后续过程，建立邻接关系。

3. LSDB（链路状态数据库）同步阶段

在建立邻接关系以后，发布LSA（Link State Advertisement）来交互链路状态信息，通过获得对方LSA同步OSPF区域内的LSDB。在OSPF中链路状态信息的通告采用增量的触发式更新（在OSPF特点中有描述），它每隔30分钟周期性地通告一次LSA摘要信息。LSA死亡时间是60分钟。

4. 路由计算阶段

（1）计算路由器之间每段链路开销，即cost值，计算公式是10^8/接口带宽。如图10-1所示，假设每段链路带宽都是100Mbps，那么4台设备之间的链路开销就是10^8/100Mbps＝1，计算出的cost值1没有单位，只是一个数值，用来做大小的比较。

（2）利用SPF算法以自身为根节点计算出一棵最短路径树。在此树上，由根到各个节点累计开销最小的就是去往各个节点的路由。

在图10-1中，路由器D到路由器C、A、B的路径树如图10-2所示。

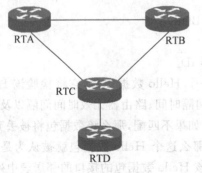
图10-1　路由开销

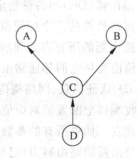
图10-2　路径

(3) 计算完成之后,将开销最低的路径写入路由表当中。如果到达同一目的节点有开销数值相同的路径,则会负载均衡,也就是在路由表中会有多个下一跳。

10.3 OSPF 协议报文

在 OSPF 工作过程当中,通过交互以下 5 种报文,保证 OSPF 协议正常运作。
- Hello 报文:在我们刚配置了 OSPF 时候,每台设备都会向它的物理直连设备以组播的形式周期性地发送 Hello 报文,并发送到特定的组播地址 224.0.0.5。针对不同的网络类型,其 hello time interval 也不同。其作用主要有:发现邻居、建立邻居关系、维护邻居关系、选择 DR/BDR、确保双向通信。
- DD 报文:DD 报文即数据库描述报文(Database Description),两台路由器进行 LSDB 数据库同步时,用 DD 报文来描述自己的 LSDB。它只包含自身 LSA 的摘要信息,即每一条 LSA 的 Header 头部(LSA 的 Header 可以唯一标识一条 LSA)。LSA Header 只占一条 LSA 的整个数据量的一小部分,这样可以减少路由器之间的协议报文流量,对端路由器根据 LSA Header 就可以判断出是否已有这条 LSA。
- LSR:LSR 即链路状态请求报文(Link State Request)。当两台路由器彼此收到对方 DD 报文之后,与自身 LSDB 作比较,如果自身缺少那些 LSA,则发送 LSR。该报文也只包含 LSA 摘要信息。
- LSU:LSU 是链路状态更新报文(Link State Update),接收到 LSR 报文的路由器,此时则将对端缺少的 LSA 完整信息包含在 LSU 报文中发送给对端,一个 LSU 报文可以携带多条 LSA,LSU 报文才真正携带完整的路由信息。
- LSAck:LSAck 是链路状态确认报文(Link State Acknowledgment),它用来对可靠报文进行确认。

10.4 邻居和邻接

1. 概念

关于邻居和邻接这两个概念,对于初学者来说容易混淆,故在此详细加以区分。所谓邻居是指 OSPF 路由器启动后,便会通过 OSPF 接口向外发送 Hello 报文用于发现邻居。收到 Hello 报文的 OSPF 路由器会检查报文中所定义的一些参数,比如 area ID、network mask、hello interval/dead interval 等,如果双方一致就会形成邻居关系。

而所谓的邻接关系更进一层,是指通过 DD、LSR、LSU 交互之后,彼此都有对方路由信息。也就是说形成邻居关系的路由器不一定会有邻接关系。

2. 协议状态机

OSPF 中使邻居路由器在几种状态之后才能完全形成邻接关系。
- Down(失效状态):该状态为初始状态,用来指明在最近一个 Router Dead Interval 的时间内还没有收到来自邻居路由器的 Hello 数据包。

➢ Attempt(尝试状态)：该状态仅存在于 NBMA(非广播多路访问)网络中，当在 NBMA 网络中手工指定邻居之后，具有 DR 选取资格的路由器会把邻居路由器状态迁移到 Attempt 状态。

➢ Init(初始)状态：在该状态计时器 Router Dead Interval 时间之内接收对端发送的 Hello 报文，但邻居关系还未建立。

➢ Two-way(双向)状态：如果两台路由器都接收到了对端发送的 Hello 报文，则表示进入双向状态，形成了邻居关系。但在多路访问网络中，在此状态需要选择 DR/BDR 才会进入下一个状态，也就是说如果选择不出 DR/BDR，会永远停滞于 Two-way 状态。

➢ Exstart(准启动)状态：在此状态双方都向对方发送一个空的 DD 报文，其作用是选择主/从关系，Router ID 大的路由器会成为主路由器，从而为后续状态的信息交互做准备。

➢ Exchange(准交互)状态：在准启动状态选择出的主路由器首先发送完整的 DD 报文，其次另外一端也会发送 DD 报文。

➢ Loading(加载)状态：在准启动状态获悉自己缺少那些 LSA 之后，在该状态则发送 LSR 来请求相应的 LSA，对方收到之后则在 LSU 报文中包含这些最新的 LSA 进行通告。

➢ Full(完全)状态：在本端收到了 LSU 报文之后，双方建立完全邻接关系。

上述 8 种状态可用图 10-3 所示有限状态自动机描述。

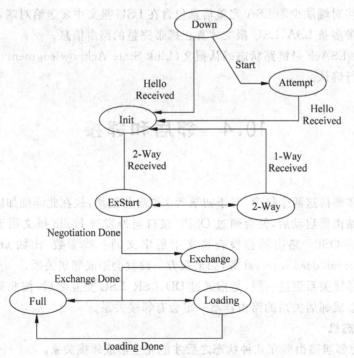

图 10-3 有限状态自动机

94

通过如下 debug 命令可查看 OSPF 邻接关系建立过程。

<B1 – R> **terminal debugging**
Info: Current terminal debugging is on.
<B1 – R> **terminal logging**
Info: Current terminal logging is on.

<B1-R>debugging ospf event(输出如图 10-4 所示)。

```
   OSPF 1 Send Hello Interface Up on 12.1.1.1
Aug  6 2011 19:21:37.280.1+00:00 B1-R RM/6/RMDEBUG:
  OSPF 1: Nbr 12.1.1.2 Rcv HelloReceived State Down -> Init.
Aug  6 2011 19:21:46+00:00 B1-R %%01OSPF/4/NBR_CHANGE_E(l)[10]:Neighbor changes
event: neighbor status changed. (ProcessId=1, NeighborAddress=12.1.1.2,
NeighborEvent=2WayReceived, NeighborPreviousState=Init,
NeighborCurrentState=ExStart)
Aug  6 2011 19:21:46+00:00 B1-R %%01OSPF/4/NBR_CHANGE_E(l)[11]:Neighbor changes
event: neighbor status changed. (ProcessId=1, NeighborAddress=12.1.1.2,
NeighborEvent=NegotiationDone, NeighborPreviousState=ExStart,
NeighborCurrentState=Exchange)
Aug  6 2011 19:21:46.700.1+00:00 B1-R RM/6/RMDEBUG:
 FileID: 0xd017802d Line: 1728 Level: 0x20
  OSPF 1: Nbr 12.1.1.2 Rcv 2WayReceived State Init -> ExStart.
Aug  6 2011 19:21:46.750.1+00:00 B1-R RM/6/RMDEBUG:
 FileID: 0xd017802d Line: 1841 Level: 0x20
  OSPF 1: Nbr 12.1.1.2 Rcv NegotiationDone State ExStart -> Exchange.
Aug  6 2011 19:21:46.810.1+00:00 B1-R RM/6/RMDEBUG:
 FileID: 0xd017802d Line: 1953 Level: 0x20
  OSPF 1: Nbr 12.1.1.2 Rcv ExchangeDone State Exchange -> Loading.
Aug  6 2011 19:21:46.820.1+00:00 B1-R RM/6/RMDEBUG:
 FileID: 0xd017802d Line: 2354 Level: 0x20
  OSPF 1: Nbr 12.1.1.2 Rcv LoadingDone State Loading -> Full.
Aug  6 2011 19:21:46+00:00 B1-R %%01OSPF/4/NBR_CHANGE_E(l)[12]:Neighbor changes
event: neighbor status changed. (ProcessId=1, NeighborAddress=12.1.1.2,
NeighborEvent=ExchangeDone, NeighborPreviousState=Exchange,
NeighborCurrentState=Loading)
Aug  6 2011 19:21:46+00:00 B1-R %%01OSPF/4/NBR_CHANGE_E(l)[13]:Neighbor changes
event: neighbor status changed. (ProcessId=1, NeighborAddress=12.1.1.2,
NeighborEvent=LoadingDone, NeighborPreviousState=Loading,
NeighborCurrentState=Full)
```

图 10-4　OSPF 邻接关系建立过程的 debug 输出

10.5　接口的网络类型

并非所有的邻居关系都可以形成邻接关系而交换链路状态信息以及路由信息,这与网络类型有关系。所谓网络类型是指运行 OSPF 网段的二层链路类型。

1. P2P

自动发现邻居,不选举 DR/BDR,Hello 时间为 10s(见图 10-5)。

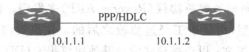

图 10-5　点到点的网络类型

2. Broadcast

Broadcast 即广播类型网络，也称为多路访问网络，它的链路层协议是 Ethernet。OSPF 默认网络类型是 Broadcast。在该类型网络下面，路由器有选择地建立邻接关系。通常以组播形式发送 Hello 报文、LSU 报文和 LSAck 报文。其中，224.0.0.5 的组播地址为 OSPF 路由器的预留 IP 组播地址；224.0.0.6 的组播地址为 OSPF DR 的预留 IP 组播地址。以单播形式发送 DD 报文和 LSR 报文（见图 10-6）。

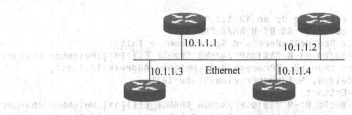

图 10-6　广播型网络

3. NBMA

NBMA(Non-broadcast Multiple-access)是非广播多路访问网络，在帧中继或者 ATM 网络中运行 OSPF 情况下默认网络类型为 NBMA，即默认情况下不会发送任何广播、组播、单播报文，因此在该网络类型中，OPSF 不能自动发现对端，故需要手工指定邻居，以单播形式发送协议报文（Hello 报文、DD 报文、LSR 报文、LSU 报文、LSAck 报文）。该组网方式要求网络中所有路由器构成全连接（见图 10-7）。

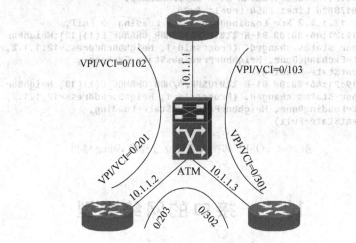

图 10-7　NBMA 网络

4. P2MP

P2MP(Point-to-Multi Point)即点到多点网络类型。对于在 NBMA 网络中不能组成全连接时需要使用 P2MP。将整个非广播网络看成是一组点到点网络。每个路由器的邻居可以使用底层协议例如反向地址解析协议（Reverse ARP）来发现。值得提出的是，P2MP 并不是一种默认的网络类型，而是手工经过修改之后的。在该类型的网络中：以组播形式 (224.0.0.5) 发送 Hello 报文；以单播形式发送其他协议报文（DD 报文、LSR 报文、LSU 报文、LSAck 报文），如图 10-8 所示。

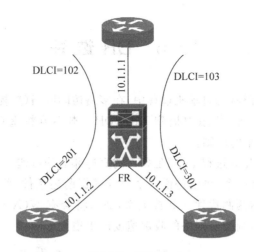

图 10-8 P2MP

5. Virtual Link

Virtual Link 称为虚电路,它同样并不作为一种默认的网络类型,它的提出是为解决某些特定的问题,如在图 10-9 所描述的组网方式中,area 2 通过 area 1 连接到 area 0,在 OSPF 域间路由信息通告原则中非骨干区域之间不能直接通告路由信息,必须经过骨干区,故此时 area 2 不能经过 area 1 直接通告信息给 area 0。故需要在分别连接 area 0 和 area 2 的 RTA 和 RTB 之间建立一条逻辑连接,将 area 2 逻辑的连接到 area 0,此虚拟的逻辑连接则被称为虚电路。

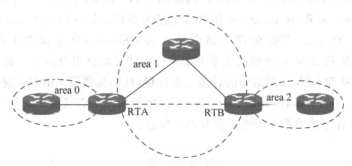

图 10-9 虚电路

上述网络类型在华为设备中均支持,可通过命令 display ospf interface interface-type 查看。如图 10-10 所示,显示在 s1/0/0 接口上的网络类型为 P2P。

```
[B2-R]display ospf interface s1/0/0
         OSPF Process 1 with Router ID 1.1.1.1
                  Interfaces
 Interface: 12.1.1.1 (Serial1/0/0)  -->12.1.1.2
 Cost: 1562   State: P-2-P   Type: P2P   MTU: 1500
 Timers: Hello 10, Dead 40, Poll 120, Retransmit 5, Transmit Delay 1
```

图 10-10 Virtual Link 接口的网络类型

10.6 DR 选举

前面阐述 OSPF 有限状态自动机过程中,在多路访问网络(广播式多路访问网络和非广播多路访问网络)Two-way 状态中提到 DR/BDR。本小节将重点阐述为什么需要 DR/BDR,以及 DR/BDR 选举的原则。

在 OSPF 邻接关系建立过程中,满足条件的直连邻居均可建立邻接关系,如图 10-11 所示。RTA 直连的邻居有三个,也就是说这个时候根据前述条件,此时会有三个邻接关系建立,此时如果每个路由器两两都建立邻接关系,那么将会有 $N(N-1)/2$ 个邻接关系建立。对于如此多的邻接关系,则会对网络的收敛速度产生很大影响。

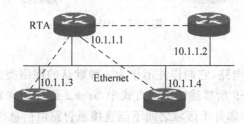

图 10-11 不存在 DR 的情况

为了减少邻接关系的数量,从而减少链路状态信息以及路由信息的交换次数、节省带宽、降低对路由器处理能力的压力,故在广播型网络和 NBMA 网络中通过选举产生一个指定路由器(Designated Router,DR)和备用指定路由器(Backup Designated Router,BDR)。一个既不是 DR 也不是 BDR 的路由器则被称为 DRother,在邻接关系建立过程当中,DRother 只与 DR 和 BDR 形成邻接关系并交换链路状态信息以及路由信息,这样大大减少了大型广播型网络和 NBMA 网络中的邻接关系数量,从而提高路由的收敛速度。如图 10-12 所示,虽然 RTA 有三个邻居,但是只与 DR 和 BDR 形成两个邻接关系。与另一个路由器只有邻居关系而没有邻接关系。因而不交互路由信息。

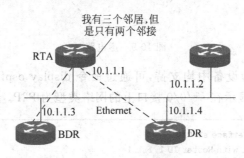

图 10-12 存在 DR/BDR 的情况

关于 DR/BDR 选举的原则有两条:
- 路由优先级(Router Priority):在选举过程中首先比较路由优先级,优先级数值大的优先级高,则成为 DR,优先级次之的成为 BDR。此值范围为 0~255,其中默认值为 1,0 则表示不参与 DR/BDR 选举。可通过命令手工修改优先级:

```
[B2 - R - GigabitEthernet0/0/1]ospf dr - priority ?
     integer < U >< 0 - 255 >     Router priority
```

➢ Router ID：如果路由优先级相同，则比较 Router ID，数值大的为 DR，数值次之的成为 BDR。

【注意】 在此重申，关于 DR/BDR 选举，先比较 Router Priority，再比较 Router ID，OSPFDR 示例如图 10-13 所示。

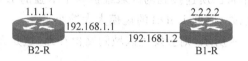

图 10-13　OSPF DR 示例

OSPF DR 示例对应代码如下：

```
[B2 - R - Serial1/0/0]dispaly ospf peer
     OSPF Process 1 with Router ID 1.1.1.1
         Neighbors
Area 0.0.0.0 interface 192.168.1.1(GigabitEthernet0/0/1)'s neighbors
Router ID: 2.2.2.2         Address: 192.168.1.2
  State: Full   Mode:Nbr is  Master  Priority: 1
  DR: 192.168.1.2  BDR: 192.168.1.1  MTU: 0
  Dead timer due in 34   sec
  Retrans timer interval: 5
  Neighbor is up for 00:00:23
  Authentication Sequence: [ 0 ]
```

【注意】 在 OSPF 中，不一定 Router Priority 和 Router ID 中值大的一定成为 DR，在选举中跟邻接关系建立的先后顺序有关系。

10.7　区域划分

随着网络规模日益扩大，当一个大型网络中的路由器都运行 OSPF 路由协议时，路由器数量的增多会导致 LSDB 非常庞大，占用大量的存储空间，并使得运行 SPF 算法的复杂度增加，导致 CPU 负担很重。

在网络规模增大之后，拓扑结构发生变化的概率也增大，网络会经常处于"动荡"之中，造成网络中会有大量的 OSPF 协议报文在传递，降低了网络的带宽利用率。更为严重的是，每一次变化都会导致网络中所有的路由器重新进行路由计算。

OSPF 协议通过将自治系统划分成不同的区域（area）来解决上述问题。区域是从逻辑上将路由器划分为不同的组，每个组用区域号（area ID）来标识，骨干区域用 area 0 表示。OSPF 支持将一组网段组合在一起，这样的一个组合称为一个区域，即区域是一组网段的集合。

划分区域可以缩小 LSDB 规模，减少网络流量。它将网络中流量类型分为三种。

> 区域内流量：在同一个区域的路由器间通信。
> 区域间流量：在不同区域间的路由器之间通信。
> 外部流量：OSPF 区域路由器与外部协议域的路由器间通信。

区域内的详细拓扑信息不向其他区域发送，区域间传递的是抽象的路由信息，而不是详细地描述拓扑结构的链路状态信息。每个区域都有自己的 LSDB，不同区域的 LSDB 是不同的。路由器会为每一个自己所连接到的区域维护一个单独的 LSDB。由于详细链路状态信息不会被发布到区域以外，因此 LSDB 的规模大大缩小了。

当区域部署如图 10-14 所示，则会发生区域间路由环路，这是万万不可取的。

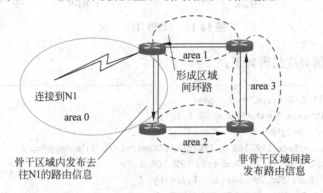

图 10-14　环形网络组网

为了避免区域间路由环路，定义这样规则：非骨干区域之间不允许直接相互发布区域间路由信息。骨干区域负责在非骨干区域之间发布由区域边界路由器汇总的路由信息（并非详细的链路状态信息）。但如果这样，那么此时则会造成孤立的区域问题（在虚电路中有阐述），需要通过虚电路解决这一问题。因此在部署网络时尽可能避免此类情况发生，即部署网络的原则是：非骨干区域需要直接连接到骨干区域，如图 10-15 所示。

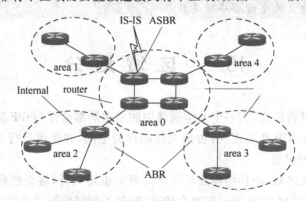

图 10-15　区域划分示意图

> BR(Backbone Router)：骨干路由器，它是指至少有一个端口（或者虚连接）连接到骨干区域的路由器。包括所有的 ABR 和所有端口都在骨干区域的路由器。由于非骨干区域必须与骨干区域直接相连，因此骨干区域中路由器（即骨干路由器）往往会处

理多个区域的路由信息。
- IR(Internal Router)：内部路由器,它是指所有所连接的网段都在一个区域的路由器。属于同一个区域的 IR 维护相同的 LSDB。
- ABR：区域边界路由器,它是指连接到多个区域的路由器,并且至少有一个接口在骨干区域。ABR 为每一个所连接的区域维护一个 LSDB。区域之间的路由信息通过 ABR 来交互。
- ASBR：AS(自治系统)边界路由器,它是指和其他 AS 中的路由器交换路由信息的路由器,这种路由器负责向整个 AS 通告 AS 外部路由信息的,使 AS 内部路由器通过 ASBR 与 AS 外部通信。AS 边界路由器可以是内部路由器 IR,或者是 ABR,可以属于骨干区域,也可以不属于骨干区域。

10.8　路　由　引　入

不同的路由协议之间是不能直接相互了解路由信息的,如图 10-16 所示,B1-R 和 HQ-R 之间建立 OSPF 邻接关系,而 HQ-R 和 B2-R 运行 RIP,通过命令 display ip routing-table 查看 B1-R 路由表,可以看出在 B1-R 上看不到 B2-R 的任何路由信息,如图 10-17 所示。

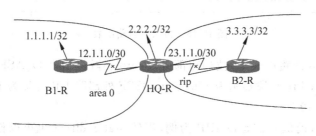

图 10-16　路由引入

```
[B1－R]display ip routing－table
Route Flags: R － relay, D － download to fib
------------------------------------------------------------------
Routing Tables: Public
         Destinations : 11    Routes : 11
Destination/Mask    Proto     Pre   Cost   Flags   NextHop         Interface
1.1.1.1/32          Direct    0     0      D       127.0.0.1       InLoopBack0
2.2.2.2/32          OSPF      10    1562   D       12.1.1.2        Serial1/0/0
12.1.1.0/30         Direct    0     0      D       12.1.1.1        Serial1/0/0
12.1.1.1/32         Direct    0     0      D       127.0.0.1       InLoopBack0
12.1.1.2/32         Direct    0     0      D       12.1.1.2        Serial1/0/0
12.1.1.3/32         Direct    0     0      D       127.0.0.1       InLoopBack0
127.0.0.0/8         Direct    0     0      D       127.0.0.1       InLoopBack0
127.0.0.1/32        Direct    0     0      D       127.0.0.1       InLoopBack0
127.255.255.255/32  Direct    0     0      D       127.0.0.1       InLoopBack0
255.255.255.255/32  Direct    0     0      D       127.0.0.1       InLoopBack0
```

图 10-17　查看路由表

此时,在 B1-R 上要想学习到 B2-R 的路由信息,必须要经过路由引入,也就是说在 ASBR 上将 RIP 路由信息引入 OSPF 当中。使用命令如下:

[HQ-R-ospf-1]**import-route rip**

之后再次查看 B1-R 路由表,如图 10-18 所示。

```
[B1-R]display ip routing-table
Route Flags: R - relay, D - download to fib
Routing Tables: Public
         Destinations : 12       Routes : 12
Destination/Mask      Proto    Pre    Cost    Flags    NextHop        interface
1.1.1.1/32            Direct   0      0       D        127.0.0.1      InLoopBack0
2.2.2.2/32            OSPF     10     1562    D        12.1.1.2       Serial1/0/0
3.3.3.3/32            O_ASE    150    1       D        12.1.1.2       Serial1/0/0
12.1.1.0/30           Direct   0      0       D        12.1.1.1       Serial1/0/0
12.1.1.1/32           Direct   0      0       D        127.0.0.1      InLoopBack0
12.1.1.2/32           Direct   0      0       D        12.1.1.2       Serial1/0/0
12.1.1.3/32           Direct   0      0       D        127.0.0.1      InLoopBack0
23.1.1.0/30           O_ASE    150    1       D        12.1.1.2       Serial1/0/0
127.0.0.0/8           Direct   0      0       D        127.0.0.1      InLoopBack0
127.0.0.1/32          Direct   0      0       D        127.0.0.1      InLoopBack0
127.255.255.255/32    Direct   0      0       D        127.0.0.1      InLoopBack0
255.255.255.255/32    Direct   0      0       D        127.0.0.1      InLoopBack0
```

图 10-18 再次查看路由表

在图 10-18 引入的路由表中,被加粗部分,Proto 字段显示为 O_ASE,表示该路由条目为 OSPF 外部路由;Pre 字段显示为 150,表示 OSPF 外部路由优先级为 150,而 OSPF 协议域内路由优先级为 10。

关于路由引入,前例我们是以 RIP 为例,当然 static、direct 也可以作为外部路由引入 OSPF 当中。在此强调一点,不同 OSPF 进程之间是不能相互直接了解到路由信息,需要路由引入,读者有兴趣可自行验证这一结论。

思考:在我们前述实验例子当中,在 B1-R 上我们看到了 3.3.3.3/32 的路由,那么此时在 B1-R 上能 ping 通 IP 地址 3.3.3.3 吗?如果不能需要怎么做?答案是 ping 不通的,需要双向引入,即再将 OSPF 引入 RIP 当中,原因是单向引入只有一方路由,而 ping 的数据报文需要既有去的路由也要有回程路由。

在这里我们列出在 OSPF 配置当中常用的命令及其作用(见表 10-2)。

表 10-2 在 OSPF 配置当中常用的命令及其作用

常用命令	作用
router id *router-id*	手工指定 OSPF Router ID
ospf[*process-id* | router-id *router-id*]	进入 OSPF 进程视图,同时在此视图中也可以指定 Router ID
area *area-id*	进入 OSPF 区域视图
network *ip-address wildcard-mask* [description *text*]	配置区域所包含的网段。其中 description 字段用来为 OSPF 指定网段配置描述信息

续表

常用命令	作用
ospf timer hello *interval*	接口发送 Hello 报文的时间间隔(接口视图)
ospf network-type {broadcast|nbma|p2mp | p2p}	配置 OSPF 接口的网络类型(接口视图)
ospf dr-priority *priority*	设置 OSPF 接口的 DR 优先级(接口视图)
peer *ip-address* [dr-priority *priority*]	配置 NBMA 网络的邻居(进程视图)
import-route {direct|static|rip|isis|bgp}	引入外部路由
display ospf [*process-id*] peer	查看 OSPF 邻接点的信息

 任务实施

下面举例说明 OSPF 的基本配置。

1. 配置步骤

➢ 在各路由器上使能 OSPF。
➢ 指定不同区域内的网段。

2. 数据准备

为完成此配置例,需准备如下的数据(见图 10-19)。

➢ Router A 的 router id 为 1.1.1.1,运行的 OSPF 进程号为 1,在区域 0 的网段为 192.168.0.0/24,在区域 1 的网段为 192.168.1.0/24。
➢ Router B 的 router id 为 2.2.2.2,运行的 OSPF 进程号为 1,在区域 0 的网段为 192.168.0.0/24,在区域 2 的网段为 192.168.2.0/24。
➢ Router C 的 router id 为 3.3.3.3,运行的 OSPF 进程号为 1,在区域 1 的网段为 192.168.1.0/24、172.16.1.0/24。
➢ Router D 的 router id 为 4.4.4.4,运行的 OSPF 进程号为 1,在区域 2 的网段为 192.168.2.0/24、172.17.1.0/24。

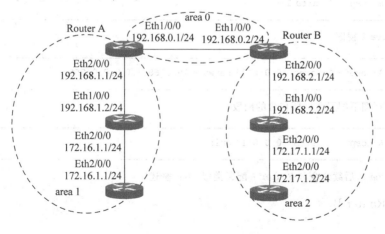

图 10-19 OSPF 实验示例

➢ Router E 的 router id 为 5.5.5.5,运行的 OSPF 进程号为 1,在区域 1 的网段为 172.16.1.0/24。
➢ Router F 的 router id 为 6.6.6.6,运行的 OSPF 进程号为 1,在区域 2 的网段为 172.17.1.0/24。

3. 操作步骤

(1) 配置各接口的 IP 地址

(略)

(2) 配置 OSPF 基本功能

♯配置 Router A。

```
[Router A] router id 1.1.1.1
```

//为 Router A 手工指定 Router ID

```
[Router A] ospf
```

//进入 OSPF 进程视图,进程号采用默认值 1

```
[Router A - ospf - 1] area 0
```

//进入 OSPF 进程 1 的区域视图

```
[Router A - ospf - 1 - area - 0.0.0.0] network 192.168.0.0 0.0.0.255
```

//在区域视图下,配置区域所包含的网段采用反掩码的形式严格进行宣告

```
[Router A - ospf - 1 - area - 0.0.0.0] quit
```

//退出 area 0

```
[Router A - ospf - 1] area 1
```

//进入 area 1 视图

```
[Router A - ospf - 1 - area - 0.0.0.1] network 192.168.1.0 0.0.0.255
```

//在区域视图下配置区域所包含的网段

```
[Router A - ospf - 1 - area - 0.0.0.1] quit
```

//退出 area 1,后续命令和 Router A 配置类似,不再赘述

♯配置 Router B。

```
[Router B] router id 2.2.2.2
[Router B] ospf
[Router B-ospf-1] area 0
[Router B-ospf-1-area-0.0.0.0] network 192.168.0.0 0.0.0.255
[Router B-ospf-1-area-0.0.0.0] quit
[Router B-ospf-1] area 2
[Router B-ospf-1-area-0.0.0.2] network 192.168.2.0 0.0.0.255
[Router B-ospf-1-area-0.0.0.2] quit
```

#配置 Router C。

```
[Router C] router id 3.3.3.3
[Router C] ospf
[Router C-ospf-1] area 1
[Router C-ospf-1-area-0.0.0.1] network 192.168.1.0 0.0.0.255
[Router C-ospf-1-area-0.0.0.1] network 172.16.1.0 0.0.0.255
[Router C-ospf-1-area-0.0.0.1] quit
```

#配置 Router D。

```
[Router D] router id 4.4.4.4
[Router D] ospf
[Router D-ospf-1] area 2
[Router D-ospf-1-area-0.0.0.2] network 192.168.2.0 0.0.0.255
[Router D-ospf-1-area-0.0.0.2] network 172.17.1.0 0.0.0.255
[Router D-ospf-1-area-0.0.0.2] quit
```

#配置 Router E。

```
[Router E] router id 5.5.5.5
[Router E] ospf
[Router E-ospf-1] area 1
[Router E-ospf-1-area-0.0.0.1] network 172.16.1.0 0.0.0.255
[Router E-ospf-1-area-0.0.0.1] quit
```

#配置 Router F。

```
[Router F] router id 6.6.6.6
[Router F] ospf
[Router F-ospf-1] area 2
[Router F-ospf-1-area-0.0.0.2] network 172.17.1.0 0.0.0.255
[Router F-ospf-1-area-0.0.0.2] quit
```

4. 验证配置结果

#查看 Router A 的 OSPF 邻居。

```
[Router A] display ospf peer
           OSPF Process 1 with Router ID 1.1.1.1
                    Neighbors
Area 0.0.0.0 interface 192.168.0.1(Ethernet1/0/0)'s neighbors
Router ID: 2.2.2.2      Address: 192.168.0.2
State: Full   Mode:Nbr is Master  Priority: 1
  DR: 192.168.0.2  BDR: 192.168.0.1  MTU: 0
  Dead timer due in 36   sec
  Retrans timer interval: 5
  Neighbor is up for 00:15:04
  Authentication Sequence: [ 0 ]
                    Neighbors
Area 0.0.0.1 interface 192.168.1.1(Ethernet2/0/0)'s neighbors
Router ID: 3.3.3.3      Address: 192.168.1.2
State: Full   Mode:Nbr is Master  Priority: 1
  DR: 192.168.1.2  BDR: 192.168.1.1  MTU: 0
  Dead timer due in 39   sec
  Retrans timer interval: 5
  Neighbor is up for 00:07:32
  Authentication Sequence: [ 0 ]
```

连通性测试。

```
[Router D] ping 172.16.1.1
  PING 172.16.1.1: 56   data bytes, press CTRL_C to break
    Reply from 172.16.1.1: bytes = 56 Sequence = 1 ttl = 253 time = 62 ms
    Reply from 172.16.1.1: bytes = 56 Sequence = 2 ttl = 253 time = 16 ms
    Reply from 172.16.1.1: bytes = 56 Sequence = 3 ttl = 253 time = 62 ms
    Reply from 172.16.1.1: bytes = 56 Sequence = 4 ttl = 253 time = 94 ms
    Reply from 172.16.1.1: bytes = 56 Sequence = 5 ttl = 253 time = 63 ms
  --- 172.16.1.1 ping statistics ---
    5 packet(s) transmitted
    5 packet(s) received
    0.00 % packet loss
    round-trip min/avg/max = 16/59/94 ms
```

任务总结

通过本任务的实施,应掌握下列知识和技能。
(1) 了解 OSPF 产生的背景。
(2) 掌握 OSPF 工作过程。
(3) 掌握 OSPF 协议原理。
(4) 掌握 OSPF 协议配置命令。

习题

1. 简述 OSPF 邻接关系建立过程？
2. OSPF DR 选举原则有哪两点？
3. OSPF 不同进程之间能相互学习路由信息吗？如果不能怎么办？

项目三

组建安全网络

 知识概要

★ 网络安全技术
★ 防火墙技术
★ ACL 技术
★ NAT 技术
★ VPN 技术

 技能概述

★ 防火墙区域配置
★ ACL 控制数据包
★ 私有地址访问公有网络
★ 构建虚拟专用网

任务十一　网络安全技术

随着计算机网络的普及,网络的安全性显得更加重要。这是因为怀有恶意的攻击者可能窃取、篡改网络上传输的数据,通过网络非法入侵获取存储在远程主机上的信息,或构造大量的数据报文占用网络资源,防止其他合法用户正常访问。因此,网络安全技术作为一个独特的领域越来越受到人们的关注。

网络安全涉及的内容既有技术方面的问题,也有管理方面的问题,两方面相互补充,缺一不可。技术方面侧重如何防范外部非法攻击,管理方面则侧重内部人为因素。如何更有效地保护信息数据、提高计算机网络系统的安全性,已经成为所有计算机网络应用必须考虑和必须解决的一个重要问题。

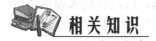

11.1　网络安全概述

网络的发展方便了人们对信息传播的需求,同时也带来了各种安全问题。近年来各种病毒爆发、黑客攻击等事件层出不穷,网络安全也越来越受到人们的关注。随着网络在各行各业的大面积渗透,网络安全也越来越成为一门独立的专业技术方向。

关于网络安全,可以开始一门专门的课程,在这里,我们仅对网络安全作一个大体介绍,通过对本章的学习,我们能对网络安全有一个大致的认识。

网络的安全是指通过采用各种技术和管理措施,使网络系统正常运行,从而确保网络数据的可用性、完整性和机密性,这是信息安全三要素,如图11-1所示。

图 11-1　信息安全三要素

11.2 网络安全常用技术

网络安全是一门综合的技术,在实际应用中也是多种技术混合使用、多管齐下来达到综合安全的目的。常用的网络安全技术有如下几种。

➢ ACL

访问控制列表 ACL(Access Control List)是由 permit 或 deny 语句组成的一系列有顺序的规则集合,这些规则根据数据包的源地址、目的地址、源端口、目的端口、应用层协议信息来描述。ACL 规则通过匹配报文中的信息对数据包进行分类,路由设备根据这些规则判断哪些数据包可以接收,哪些数据包需要拒绝。

➢ AAA

AAA(Authentication、Authorization、Accounting)是一种提供认证、授权和计费的技术。实际上,AAA 不是一种具体的协议或者技术,而是一个技术框架。AAA 一般采用客户机/服务器结构,客户端运行于 NAS(Network Access Server,网络接入服务器)上,服务器上则集中管理用户信息。NAS 对于用户来讲是服务器端,对于服务器来说是客户端。

➢ 802.1x

IEEE 802 LAN/WAN 委员会为解决无线局域网网络安全问题,提出了 802.1x 协议。后来,802.1x 协议作为局域网端口的一个普通接入控制机制在以太网中被广泛应用,主要解决以太网内认证和安全方面的问题。802.1x 协议是一种基于端口的网络接入控制协议(port based network access control protocol)。"基于端口的网络接入控制"是指在局域网接入设备的端口这一级对所接入的用户设备通过认证来控制对网络资源的访问。

➢ NAT

NAT(Network Address Translation,网络地址转换)是将 IP 数据报报头中的 IP 地址转换为另一个 IP 地址的过程。在实际应用中,NAT 主要用于实现私有网络访问公共网络的功能。这种通过使用少量的公有 IP 地址代表较多的私有 IP 地址的方式,将有助于减缓可用 IP 地址空间的枯竭。这种技术在客观上也将局域网的 IP 地址对公网隐藏起来,对局域网的主机起到了一定的保护作用,因此,NAT 在很多时候也被当作一种安全技术。

➢ VPN

VPN 英文全称是 Virtual Private Network,翻译过来就是"虚拟专用网络"。VPN 被定义为通过一个公用网络(通常是因特网)建立一个临时的、安全的连接,是一条穿过混乱的公用网络的安全、稳定隧道。使用这条隧道可以对数据进行几倍加密达到安全使用互联网的目的。虚拟专用网是对企业内部网的扩展。虚拟专用网可以帮助远程用户、公司分支机构、商业伙伴及供应商同公司的内部网建立可信的安全连接,用于经济有效地连接到商业伙伴和用户的安全外联网虚拟专用网。VPN 主要采用隧道技术、加解密技术、密钥管理技术和使用者与设备身份认证技术。

➢ IPSec

IPSec(IP Security)是 IETF 制定的三层隧道加密协议,它为 Internet 上传输的数据提供了高质量的、可互操作的、基于密码学的安全保证。特定的通信方之间在 IP 层通过加密与数据源认证等方式提供了多种安全服务。实际上 IPSec 协议也不是一个单独的协议,它给出了应用于 IP 层上网络数据安全的一整套体系结构,包括网络认证协议 AH(Authentication Header,认证头)、ESP(Encapsulating Security Payload,封装安全载荷)、IKE(Internet Key Exchange,因特网密钥交换)和用于网络认证及加密的一些算法等。其中,AH 协议和 ESP 协议用于提供安全服务,IKE 协议用于密钥交换。

接下来将对上述安全技术作进一步介绍。

➢ 防火墙

见任务十二。

任务总结

通过本任务的实施,应掌握下列知识和技能。

(1) 掌握网络安全概述。

(2) 掌握网络有哪些技术,了解这些技术分别在哪些场合应用。

习题

1. AAA 中每个 A 的解释是什么?
2. NAT 的中文名称是什么?主要作用是什么?
3. VPN 的中文名称是什么?

任务十二 防火墙技术

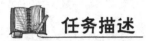 **任务描述**

网络安全设备很多,但使用最广泛的还算防火墙。哪什么是防火墙呢?它又具备哪些安全方面的能力?防火墙指的是一个由软件和硬件设备组合而成、在内部网和外部网之间、专用网与公共网之间的界面上构造的保护屏障,是一种获取安全性方法的形象说法,它是一种计算机硬件和软件的结合,使 Internet 与 Intranet 之间建立起一个安全网关(Security Gateway),从而保护内部网免受非法用户的侵入。

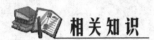 **相关知识**

12.1 防火墙的分类

我们这里讲的防火墙有两种含义:一是指具体的实体防火墙;二是指网络设备路由器、交换机等具备的防火墙功能。根据具体的实现技术,防火墙常被分为包过滤防火墙、代理服务型防火墙和状态检测防火墙。

1. 包过滤防火墙

包过滤防火墙的基本原理是:通过配置 ACL 实施数据包的过滤。实施过滤主要是基于数据包中的 IP 层所承载的上层协议的协议号、源/目的 IP 地址、源/目的端口号和报文传递的方向等信息。

这种技术实现起来最为简单,但是要求管理员定义大量的规则,而当规则定义多了之后,往往会影响设备的转发性能。

2. 代理型防火墙

代理服务器的功能主要在应用层实现。当代理服务器收到一个客户的连接请求时,先核实该请求,然后将处理后的请求转发给真实服务器,在接受真实服务器应答并做进一步处理后,再将回复交给发出请求的客户。代理服务器在外部网络和内部网络之间,发挥了中间转接的作用。

使用代理服务器型防火墙的好处是,它可以提供用户级的身份认证、日志记录和账号管理,彻底分隔外部与内部网络。但是,所有内部网络的主机均需通过代理服务器主机才能获得 Internet 上的资源,因此会造成使用上的不便,而且代理服务器很有可能会成为系统的

"瓶颈"。

3. 状态检测防火墙

状态检测防火墙是包过滤防火墙的扩展,它不仅仅把数据包作为独立单元进行 ACL 检查和过滤,同时也考虑前后数据包的应用层关联性。状态检测防火墙使用各种状态表来监控 TCP/UDP 会话,由 ACL 表来决定哪些会话允许建立,只有与被允许会话相关联的数据包才被转发。同时状态防火墙针对 TCP/UDP 会话,分析数据包的应用层状态信息,过滤不符合当前应用层状态的数据包。状态检测防火墙结合了包过滤防火墙和代理防火墙的优点,不仅速度快,而且安全性高。

目前市场上大部分防火墙都是采用状态检测技术的产品。华为的 Eudemon 防火墙和 USG 防火墙功能均是采用的状态检测技术,而华为交换机的防火墙功能则是采用的包过滤技术。

12.2 安全区域

传统的防火墙/路由器的策略配置通常都是围绕报文入接口、出接口展开的,这在早期的防火墙中还比较普遍。随着防火墙的不断发展,已经逐渐摆脱了只连接外网和内网的角色,出现了内网/外网/DMZ(Demilitarized Zone,非军事区)的模式,并且向着提供高端口密度的方向发展。一台高端防火墙通常能够提供十几个以上的物理接口,同时连接多个逻辑网段。在这种组网环境中,传统基于接口的策略配置方式需要为每一个接口配置安全策略,给网络管理员带来了极大的负担,安全策略的维护工作量成倍增加,从而也增加了因为配置引入安全风险的概率。

与传统防火墙基于接口的策略配置方式不同,业界主流防火墙通过围绕安全域 (Security Zone)来配置安全策略的方式解决上述问题。所谓安全域,是一个抽象的概念,它有两种划分方式。

(1) 按照接口划分。安全域可以包含三层普通物理接口和逻辑接口,也可以包括二层物理 Trunk 接口+VLAN,划分到同一个安全域中的接口通常在安全策略控制中具有一致的安全需求。

(2) 按照 IP 地址划分。根据 IP 地址划分不同的安全域,以实现按业务报文的源 IP 地址或目的 IP 地址进行安全策略控制。

引入安全域的概念之后,安全管理员将安全需求相同的接口或 IP 地址进行分类(划分到不同的域),能够实现策略的分层管理。比如,首先可以将防火墙设备上连接到研发不同网段的四个接口加入安全域 Zone_RND,连接服务器区的两个接口加入安全域 Zone_DMZ,这样管理员只需要部署这两个域之间的安全策略即可。同时如果后续网络变化,只需要调整相关域内的接口,而安全策略不需要修改。可见,通过引入安全域的概念,不但简化了策略的维护复杂度,同时也实现了网络业务和安全业务的分离。

【说明】 DMZ这一术语起源于军方,指的是介于严格的军事管制区和松散的公共区域之间的一种有着部分管制的区域。安全域中引用这一术语,指代一个逻辑上和物理上都与内部网络和外部网络分离的区域。通常部署网络时,将那些需要被公共访问的设备(如WWW Server、FTP Server等)放置于此。

12.3 ASPF

ASPF(Application Specific Packet Filter)是针对应用层的报文过滤,即基于状态的报文过滤。它能够检测试图通过防火墙的应用层协议会话信息,通过维护会话的状态和检查会话报文的协议和端口号等信息阻止不符合规则的数据报文穿过防火墙。对于所有连接,每一个连接状态信息都将被ASPF维护并用于动态的决定数据包是否被允许通过防火墙或丢弃。同时,ASPF可以对各种应用层协议的流量进行监测。ASPF和普通的包过滤防火墙协同工作,以便于实施内部网络的安全策略。

我们知道,一般的通信都是双向的。当只启用包过滤功能而不启用ASPF的时候,为了保护内部网络,一般情况下需要在设备上配置访问控制列表,以允许内部网的主机访问外部网络,同时拒绝外部网络的主机访问内部网络。但访问控制列表会将用户发起连接后返回的报文过滤掉,导致连接无法正常建立。

当启用ASPF后,在内网访问外网的同时,设备会检测到数据流匹配ACL创建一条会话信息,同时创建一个临时ACL,其规则与数据流匹配的ACL正好相反(也即是返还的数据流),当外网的数据返回时,正好匹配上这个临时ACL,从而形成一个较稳定的会话。

对于多通道协议,例如FTP,ASPF功能可以检查控制通道和数据通道的连接建立过程,通过生成Server-map表项,确保FTP协议能够穿越设备,同时不影响设备的安全检查功能。

报文处理流程如图12-1所示。

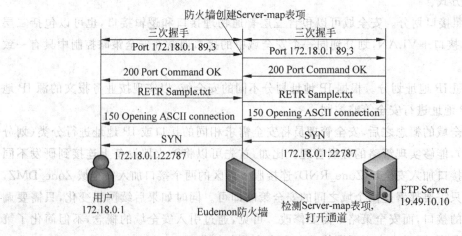

图12-1 FTP协议的ASPF过程

12.4 攻击防范

攻击防范是防火墙的主要功能之一。网络攻击主要分为流量型攻击、扫描窥探攻击、畸形报文攻击和特殊报文攻击四大类。

1. 流量型攻击

流量型攻击是指攻击者通过大量的无用数据占用过多的资源以达到服务器拒绝服务的目的。这类攻击典型特征是通过发出海量数据包造成设备负载过高，最终导致网络带宽或是设备资源耗尽。通常，被攻击的路由器、服务器和防火墙的处理资源都是有限的，攻击负载之下它们就无法处理正常的合法访问，导致正常服务被拒绝。流量型攻击最通常的形式是 Flood 方式，这种攻击把大量看似合法的 TCP、UDP、ICMP 包发送至目标主机，甚至有些攻击者还利用伪造源地址来绕过检测系统的监控，以达到攻击的目的。

2. 扫描窥探攻击

扫描窥探攻击主要包括 IP 地址扫描和端口扫描，IP 地址扫描是指攻击者发送目的地址不断变化的 IP 报文（TCP/UDP/ICMP）来发现网络上存在的主机和网络，从而准确地发现潜在的攻击目标。端口扫描是指通过扫描 TCP 和 UDP 的端口，检测被攻击者的操作系统和潜在服务。攻击者通过扫描窥探就能大致了解目标系统提供的服务种类和潜在的安全漏洞，为进一步侵入系统做好准备。

3. 畸形报文攻击

畸形报文攻击是指通过向目标系统发送有缺陷的 IP 报文，使得目标系统在处理这样的 IP 报文时发生错误，或者造成系统崩溃，影响目标系统的正常运行。主要的畸形报文攻击有 Ping of Death、Teardrop 等。

4. 特殊报文攻击

特殊报文攻击是指攻击者利用一些合法的报文对网络进行侦察或者数据检测，这些报文都是合法的应用类型，只是正常网络很少用到。

根据常见的攻击类型，一般的防火墙往往提供了集成化的攻击防范解决方案：只需要在设备上打开相应功能即可。

 任务实施

华为防火墙功能的配置实例介绍如下。

1. 组网需求

如图 12-2 所示，AR2200 的接口 Ethernet2/0/0 连接一个高安全优先级的内部网络，接口 Ethernet3/0/0 连接低安全优先级的外部网络，需要对内部网络和外部网络之间的通信实施包过滤。

具体要求：外部特定主机（202.39.2.3）允许访问内部网络中的服务器。其余的访问均不允许。

2. 配置思路

采用如下思路配置 ACL 包过滤防火墙。

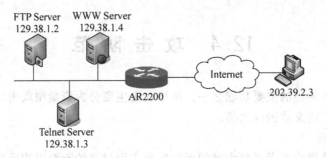

图 12-2　配置 ACL 包过滤组网图

(1) 配置安全区域和安全域间。
(2) 将接口加入安全区域。
(3) 配置 ACL。
(4) 在安全域间配置基于 ACL 的包过滤。

3．操作步骤

(1) 在 AR2200 上配置安全区域和安全域间。

```
<Huawei> system-view
[Huawei] firewall zone trust
[Huawei-zone-trust] priority 15
[Huawei-zone-trust] quit
[Huawei] firewall zone untrust
[Huawei-zone-untrust] priority 1
[Huawei-zone-untrust] quit
[Huawei] firewall interzone trust untrust
[Huawei-interzone-trust-untrust] firewall enable
[Huawei-interzone-trust-untrust] quit
```

(2) 在 AR2200 上将接口加入安全区域。

```
[Huawei] vlan 100
[Huawei-vlan100] quit
[Huawei] interface vlanif 100
[Huawei-Vlanif100] ip address 129.38.1.1 24
[Huawei-Vlanif100] quit
[Huawei] interface Ethernet 2/0/0
[Huawei-Ethernet2/0/0] port link-type access
[Huawei-Ethernet2/0/0] port default vlan 100
[Huawei-Ethernet2/0/0] quit
[Huawei] interface vlanif 100
[Huawei-Vlanif100] zone trust
[Huawei-Vlanif100] quit
[Huawei] interface ethernet 3/0/0
```

```
[Huawei-Ethernet3/0/0] ip address 202.39.2.1 24
[Huawei-Ethernet3/0/0] zone untrust
[Huawei-Ethernet3/0/0] quit
```

（3）在 AR2200 上配置 ACL。

```
[Huawei] acl 3102
[Huawei-acl-adv-3102] rule permit tcp source 202.39.2.3 0.0.0.0 destination 129.38.1.2 0.0.0.0
[Huawei-acl-adv-3102] rule permit tcp source 202.39.2.3 0.0.0.0 destination 129.38.1.3 0.0.0.0
[Huawei-acl-adv-3102] rule permit tcp source 202.39.2.3 0.0.0.0 destination 129.38.1.4 0.0.0.0
[Huawei-acl-adv-3102] rule deny ip
[Huawei-acl-adv-3102] quit
```

（4）在 AR2200 上配置包过滤。

```
[Huawei] firewall interzone trust untrust
[Huawei-interzone-trust-untrust] packet-filter 3102 inbound
[Huawei-interzone-trust-untrust] quit
```

（5）检查配置结果。

配置成功后，仅特定主机（202.39.2.3）可以访问内部服务器。

在 AR2200 上执行 display firewall interzone [zone-name1 zone-name2] 操作，结果如下：

```
[Huawei] display firewall interzone trust untrust
interzone trust untrust
 firewall enable
 packet-filter default deny inbound
 packet-filter default permit outbound
 packet-filter 3102 inbound

total number is : 1
```

 任务总结

通过本任务的实施，应掌握下列知识和技能。
（1）掌握防火墙概念。
（2）掌握防火墙区域配置。
（3）掌握防火墙 ACL 配置。

习题

1. 防火墙有哪几种分类？
2. 安全区域有哪些划分方式？
3. 网络攻击主要有哪些分类？

任务十三 ACL 技术

要增强网络安全性,网络设备需要具备控制某些访问或者数据的能力。ACL 就是一种广泛使用的网络安全技术。使用 ACL 来实现数据的识别,并决定是转发还是丢弃这些数据包。学完后我们共同为王可工程师解决 3 个任务。王可在一家网络公司做实习工程师,他的导师给他指定了几个任务。

子任务 1:实现在每天 8:00~18:00 时间段内对源 IP 为 10.1.1.2 主机发出报文的过滤。

子任务 2:禁止研发部门与技术支援部门之间互访,并限制研发部门在上班时间 8:00~18:00 访问工资查询服务器。

子任务 3:实现在每天 8:00~18:00 时间段内对源 MAC 为 00e0-fc01-0101 的报文进行过滤。

13.1 什么是访问控制列表

ACL(Access Control List,访问控制列表)是用来控制端口进出的数据包。ACL 适用于所有的被路由协议,如 IP、IPX、AppleTalk 等。这张表中包含了匹配关系、条件和查询语句,表只是一个框架结构,其目的是对某种访问进行控制。由 ACL 定义的报文匹配规则,可以被其他需要对流量进行区分的场合引用,如包过滤、QoS 中流分类规则的定义、NAT 技术、VPN 技术都会使用到 ACL 控制列表。

13.2 ACL 的定义方法

1. ACL 的分类

在华为设备上使用命令 **acl** [**number**] *acl-number* 来创建 IPv4 ACL,通过 **acl ipv6** [**number**] *acl6-number* 命令来创建 IPv6 ACL。ACL 有不同的类别,通过不同的编号段来区别,具体类别如表 13-1 所示。

表 13-1 ACL 分类

ACL 类型	编 号 范 围	规则制订依据
基本 ACL	2000～2999	报文的源 IP 地址
高级 ACL	3000～3999	报文的源 IP 地址、目的 IP 地址、报文优先级、IP 承载的协议类型及特性等三、四层信息
二层 ACL	4000～4999	报文的源 MAC 地址、目的 MAC 地址、802.1p 优先级、链路层协议类型等二层信息
用户自定义 ACL	5000～5999	用户自定义报文的偏移位置和偏移量、从报文中提取出相关内容等信息

2. ACL 的步长

通过命令 step,可以为一个 ACL 规则组指定"步长",步长的含义是：自动为 ACL 规则分配编号时,规则编号之间的差值。例如,如果步长设定为 5,规则编号分配是按照 5、10、15、…这样的规则分配的。默认情况下,ACL 规则组的步长为 5。

通过设置步长,使规则之间留有一定的空间,用户可以在规则之间插入新的规则,以控制规则的匹配顺序。

3. ACL 的匹配顺序

一个 ACL 可以由多条"deny|permit"语句组成,每一条语句描述的规则是不相同的,这些规则可能存在重复或矛盾的地方(一条规则可以包含另一条规则,但两条规则不可能完全相同),在将一个数据包和访问控制列表的规则进行匹配的时候,由规则的匹配顺序决定规则的优先级。

华为设备支持两种匹配顺序,即配置顺序(config)和自动排序(auto)。

配置顺序按照用户配置 ACL 规则的先后进行匹配,先配置的规则先匹配。默认情况下匹配顺序为按用户的配置排序。

自动排序(auto)使用"深度优先"的原则进行匹配。"深度优先"根据 ACL 规则的精确度排序,如果匹配条件(如协议类型、源和目的 IP 地址范围等)限制越严格,规则就越先匹配。比如 129.102.1.1 0.0.0.0 指定了一台主机：129.102.1.1,而 129.102.1.1 0.0.0.255 则指定了一个网段：129.102.1.1～129.102.1.255,显然前者指定的主机范围小,在访问控制规则中排在前面。具体标准如下。

(1) 基本 IPv4 ACL 的"深度优先"顺序判断原则

① 先看规则中是否带 VPN 实例,带 VPN 实例的规则优先。

② 再比较源 IP 地址范围,源 IP 地址范围小(即通配符掩码中"0"位的数量多)的规则优先。

③ 如果源 IP 地址范围相同,则先配置的规则优先。

(2) 高级 IPv4 ACL 的"深度优先"顺序判断原则

① 先看规则中是否带 VPN 实例,带 VPN 实例的规则优先。

② 再比较协议范围,指定了 IP 协议承载的协议类型的规则优先。

③ 如果协议范围相同,则比较源 IP 地址范围,源 IP 地址范围小(即通配符掩码中"0"位的数量多)的规则优先。

④ 如果协议范围、源 IP 地址范围相同,则比较目的 IP 地址范围,目的 IP 地址范围小

(即通配符掩码中"0"位的数量多)的规则优先。

⑤ 如果协议范围、源 IP 地址范围、目的 IP 地址范围相同,则比较四层端口号(TCP/UDP 端口号)范围,四层端口号范围小的规则优先。

⑥ 如果上述范围都相同,则先配置的规则优先。

(3) 二层 ACL 的"深度优先"顺序判断原则

① 先比较源 MAC 地址范围,源 MAC 地址范围小(即掩码中"1"位的数量多)的规则优先。

② 如果源 MAC 地址范围相同,则比较目的 MAC 地址范围,目的 MAC 地址范围小(即掩码中"1"位的数量多)的规则优先。

③ 如果源 MAC 地址范围、目的 MAC 地址范围相同,则先配置的规则优先。

13.3 ACL 的使用方法

1. 包过滤

包过滤是指设备将经其转发的数据包根据一定的规则筛选,部分允许通过,部分不允许通过(直接丢弃)。ACL 最常被用作包过滤。因为 ACL 本身就包含了规则和对应于规则的动作,只需要在适当的地方应用即可实现设备的包过滤功能。比如在防火墙或 AR G3 路由器的安全域之间应用,在交换机的接口、Vlan 或者全局应用都可以实现包过滤。

2. 其他协议引用

ACL 也可以被其他协议引用。比如在配置路由协议的时候,可以引用 ACL 控制路由的发布;再比如,部署 QoS 的时候,也可以引用 ACL 用于控制不同的数据流匹配不同的 QoS 动作。

总之,ACL 是作为设备的基础配置之一,可以被很多上层协议或其他模块引用。

任务实施

配置 ACL 实例介绍如下。

1. 任务需求

(1) 通过配置基本访问控制列表,实现在每天 8:00~18:00 时间段内对源 IP 为 10.1.1.2 主机发出报文的过滤。

(2) 要求配置高级访问控制列表,禁止研发部门与技术支援部门之间互访,并限制研发部门在上班时间 8:00~18:00 访问工资查询服务器。

(3) 通过二层访问控制列表,实现在每天 8:00~18:00 时间段内对源 MAC 为 00e0-fc01-0101 的报文进行过滤。

2. 配置步骤

华为系列交换机典型访问控制列表配置步骤如下。

(1) 共用配置

① 根据组网图(见图 13-1),创建四个 vlan,对应加入各个端口。

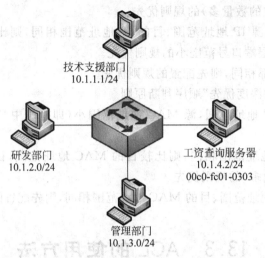

图 13-1 组网图

```
<HW-SW>system-view
[HW-SW]vlan 10
[HW-SW-vlan 10]port GigabitEthernet 1/0/1
[HW-SW-vlan 10]vlan 20
[HW-SW-vlan 20]port GigabitEthernet 1/0/2
[HW-SW-vlan 20]vlan 20
[HW-SW-vlan 20]port GigabitEthernet 1/0/3
[HW-SW-vlan 20]vlan 30
[HW-SW-vlan 30]port GigabitEthernet 1/0/3
[HW-SW-vlan 30]vlan 40
[HW-SW-vlan 40]port GigabitEthernet 1/0/4
[HW-SW-vlan 40]quit
```

② 配置各个 VLAN 虚接口地址。

```
[HW-SW]interface vlan 10
[HW-SW-Vlan-interface 10]ip address 10.1.1.1 24
[HW-SW-Vlan-interface 10]quit
[HW-SW]interface vlan 20
[HW-SW-Vlan-interface 20]ip address 10.1.2.1 24
[HW-SW-Vlan-interface 20]quit
[HW-SW]interface vlan 30
[HW-SW-Vlan-interface 30]ip address 10.1.3.1 24
[HW-SW-Vlan-interface 30]quit
[HW-SW]interface vlan 40
[HW-SW-Vlan-interface 40]ip address 10.1.4.1 24
[HW-SW-Vlan-interface 40]quit
```

③ 定义时间段。

`[HW-SW] time-range HW-SW 8:00 to 18:00 working-day`

(2) 需求 1 配置(基本 ACL 配置)

① 进入 2000 号的基本访问控制列表视图。

[HW-SW-GigabitEthernet1/0/1] acl number 2000

② 定义访问规则过滤 10.1.1.2 主机发出的报文。

[HW-SW-acl-basic-2000] rule 1 deny source 10.1.1.2 0 time-range HW-SW

③ 在接口上应用 2000 号 ACLS。

[HW-SW-GigabitEthernet1/0/1] packet-filter inbound ip-group 2000
[HW-SW-GigabitEthernet1/0/1] quit

（3）需求 2 配置（高级 ACL 配置）

① 进入 3000 号的高级访问控制列表视图。

[HW-SW] acl number 3000

② 定义访问规则禁止研发部门与技术支援部门之间互访。

[HW-SW-acl-adv-3000] rule 1 deny ip source 10.1.2.0 0.0.0.255 destination 10.1.1.0 0.0.0.255

③ 定义访问规则禁止研发部门在上班时间 8:00～18:00 访问工资查询服务器。

[HW-SW-acl-adv-3000] rule 2 deny ip source any destination 129.110.1.2 0.0.0.0 time-range HW-SW
[HW-SW-acl-adv-3000] quit

④ 在接口上用 3000 号 ACL。

[HW-SW-acl-adv-3000] interface GigabitEthernet1/0/2
[HW-SW-GigabitEthernet1/0/2] packet-filter inbound ip-group 3000

（4）需求 3 配置（二层 ACL 配置）

① 进入 4000 号的二层访问控制列表视图。

[HW-SW] acl number 4000

② 定义访问规则过滤源 MAC 为 00e0-fc01-0101 的报文。

[HW-SW-acl-ethernetframe-4000] rule 1 deny source 00e0-fc01-0101 ffff-ffff-ffff time-range HW-SW

③ 在接口上应用 4000 号 ACL。

[HW-SW-acl-ethernetframe-4000] interface GigabitEthernet1/0/4
[HW-SW-GigabitEthernet1/0/4] packet-filter inbound link-group 4000

3. 任务验证

技术部和研发部不能相互访问，达到此效果则任务实施正确。

任务总结

通过本任务的实施，应掌握下列知识和技能。
（1）掌握 ACL 的应用范围。

(2) 掌握 ACL 的原理。
(3) 掌握 ACL 的配置命令。

 习题

1. 什么是访问控制列表？
2. ACL 的分类有哪些？
3. ACL 的使用方法有哪些？

任务十四 NAT 技术

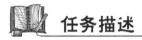

当前的 Internet 主要基于 IPv4 协议，用户访问 Internet 的前提条件是拥有自己的 IPv4 地址。IPv4 地址分为公有地址和私有地址。公有地址由 IANA 统一分配，全球唯一，用于 Internet 通信；私有地址可以自由分配，用于私有网络内部通信。私有网络无法访问公有网络，这时有没有什么方法解决呢？

14.1 地址转换技术背景

随着 Internet 的爆发式增长，IPv4 地址越来越成为一种稀缺资源。IPv6 技术是解决 IPv4 地址空间不足的根本方法。但是由于 IPv4 技术的普及，Internet 从 IPv4 过渡到 IPv6 是一个漫长的过程。NAT 技术正是在这样的背景下产生的。

NAT 是将 IP 数据报头中的 IP 地址转换为另一个 IP 地址的过程，主要用于实现内部网络（私有 IP 地址）访问外部网络（公有 IP 地址）的功能。

在实际应用中，内部网络一般使用私有地址。RFC(Request For Comments)1918 为私有地址留出了三个 IP 地址块。具体如下。

- A 类：10.0.0.0~10.255.255.255(10.0.0.0/8)
- B 类：172.16.0.0~172.31.255.255(172.16.0.0/12)
- C 类：192.168.0.0~192.168.255.255(192.168.0.0/16)

上述三个范围内的地址不会在 Internet 上被分配，因而可以不必向 ISP(Internet Service Provider)或注册中心申请而在公司或企业内部自由使用。

NAT(Network Address Translation，网络地址转换)是将 IP 数据包头中的 IP 地址转换为另一个 IP 地址的过程。在实际应用中，NAT 主要用于实现私有网络访问公共网络的功能。这种通过使用少量的公有 IP 地址代表较多的私有 IP 地址的方式，将有助于减缓可用 IP 地址空间的枯竭。在 RFC 1632 中有对 NAT 的说明。

14.2 地址转换原理

1. 地址转换基本过程

图 14-1 描述了一个基本的 NAT 应用。

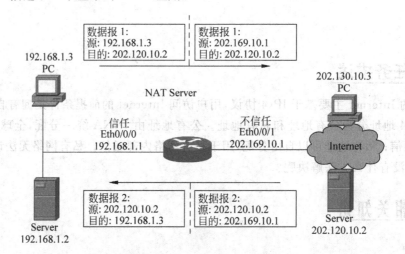

图 14-1 地址转换的基本过程

NAT 服务器处于私有网络和公有网络的连接处,内部 PC 与外部服务器的交互报文全部通过该 NAT 服务器。地址转换的过程如下:

(1) 内部 PC(192.168.1.3)发往外部服务器(202.120.10.2)的数据报 1 到达 NAT 服务器后,NAT 服务器查看报头内容,发现该数据报为发往外部网络的报文。

(2) NAT 服务器将数据报 1 的源地址字段的私有地址 192.168.1.3 转换成一个可在 Internet 上选路的公有地址 202.169.10.1,发送到外部服务器,同时在网络地址转换表中记录这一地址转换映射。

(3) 外部服务器收到数据报 1 后,向内部 PC 发送应答报文,即数据报 2,初始目的地址为 202.169.10.1。

(4) 数据报 2 到达 NAT 服务器后,NAT 服务器查看报头内容,查找当前网络地址转换表的记录,用私有地址 192.168.1.3 替换目的地址,发送给内部 PC。

上述的 NAT 过程对 PC 和外部服务器来说是透明的。内部 PC 认为与外部服务器的交互报文没有经过 NAT 服务器的干涉;外部服务器认为内部 PC 的 IP 地址就是 202.169.10.1,并不知道存在 192.168.1.3 这个地址。

2. 端口地址转换(NAPT)

上述的地址转换过程是一对一的地址转换,即一个公网地址对应一个私网地址,实际上并没用解决公网地址不够用的问题。在实际使用中更多地采用 NAPT 模式(见图 14-2)。

在 NAPT 的处理过程中,可能有多台内部主机同时访问外部网络,数据包的源地址不同,但源端口可能相同;当数据包经过 NAT 设备时,NAT 设备转换原有源地址为同一个源地址(公网地址),而源端口也被替换为不同的端口号。并且,NAT 设备会自动记录下地址

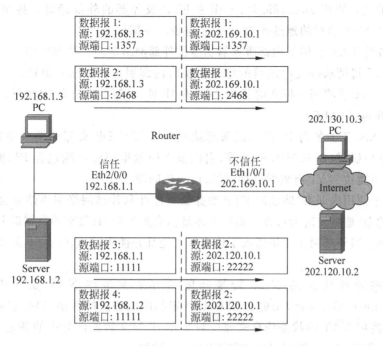

图 14-2 NAPT 过程

转换的映射关系,当公网数据包返回时,按照记录的对应关系将地址、端口再转换回私网地址和端口。实现了"多对一的映射"。

3. 地址池和 Easy IP

如上所述,NAT 可以实现多对一的映射,也可以实现多对多的映射。其方法是在设置公网地址的时候才有地址池的方式。地址池里有一个或多个公网地址,当数据包需要经NAT 转换时,设备经过一定算法自动从地址池里挑选出一个地址作为转换的公网地址。这样不同的内网主机在访问不同的外网应用时,转换过后的公网地址可能是不相同的,从而实现"多对多的映射"。

理论上 TCP 协议或者 UDP 协议有 65535 个端口,那么一个公网 IP 地址理论上就可以映射 6 万多种应用(私网地址+私网端口)。而一台私网主机往往就会消耗很多端口。比如当用户打开一个网页,网页上的不同资源如图片、Flash 动画、文字等可能来自不同的服务器,这样主机就会消耗多个源端口去与不同的服务器建立 TCP 连接。当内部主机数量很多,而且每台主机打开的应用也较多的时候,可能使 NAT 设备上的端口资源耗尽。"多对多的映射"解决了这个问题。当然这要求多个公网 IP 地址。

当可用公网 IP 资源很少时,如只有 NAT 设备的外网地址是公网 IP,这时可以简化配置,直接使用 NAT 设备的外网接口地址作为 NAT 公网源地址。这种方式叫做 Easy IP。

4. 地址转换服务器(NAT Server)

NAT 隐藏了内部网络的结构,具有"屏蔽"内部主机的作用,但是在实际应用中,可能需要给外部网络提供一个访问内部主机的机会,如给外部网络提供一台 Web 服务器,或是一台 FTP 服务器。

使用 NAT 可以灵活地添加内部服务器。例如,可以使用 202.169.10.1 作为 Web 服务器的外部地址；使用202.169.10.1作为FTP服务器的外部地址；甚至还可以使用202.169.10.1:8080这样的地址作为Web服务器的外部地址。

目前设备的NAT提供了内部服务器功能供外部网络访问。外部网络的用户访问内部服务器时，NAT将请求报文内的目的地址转换成内部服务器的私有地址。当内部服务器回应报文时，NAT要将回应报文的源地址（私有IP地址）转换成公有IP地址。

5. 应用层网关（ALG）

NAT和NAPT只能对IP报文的头部地址和TCP/UDP头部的端口信息进行转换。对于一些特殊协议，例如ICMP、FTP等，它们报文的数据部分可能包含IP地址或端口信息，这些内容不能被NAT有效的转换，就可能导致问题。

例如，一个使用内部IP地址的FTP服务器可能在和外部网络主机建立会话的过程中需要将自己的IP地址发送给对方。而这个地址信息是放到IP报文的数据部分，NAT无法对它进行转换。当外部网络主机接收了这个私有地址并使用它，这时FTP服务器将表现为不可达。

解决这些特殊协议的NAT转换问题的方法就是在NAT实现中使用ALG（Application Level Gateway）功能。ALG是特定的应用协议的转换代理，它和NAT交互以建立状态，使用NAT的状态信息来改变封装在IP报文数据部分中的特定数据，并完成其他必需的工作以使应用协议可以跨越不同范围运行。

华为路由器、防火墙设备提供了完善的地址转换应用级网关机制，使其在流程上可以支持各种特殊的应用协议，而不需要对NAT平台进行任何的修改，具有良好的可扩充性。目前它所实现的常用应用协议的ALG功能包括：DNS、FTP、ICMP、SIP、RTSP。

任务实施

1. 配置实例一：NAT Outbound 示例

（1）组网需求

A公司的网络通过AR2200的地址转换功能访问广域网。为了保证A公司内部网络的安全性，使用公网地址池中的地址（202.169.10.100～202.169.10.200）替换A公司内部的主机地址（网段为192.168.20.0/24）来访问广域网的服务器。

B公司的网络通过AR2200的地址转换功能访问广域网。为了保证B公司内部网络的安全性，结合B公司的公网IP地址又比较少的情况，采用公网地址池（202.169.10.80～202.169.10.83）端口替换的方式替换B公司内部的主机地址（网段为10.0.0.0/24）来访问广域网的服务器。

配置NAT Outbound组网图如图14-3所示。

（2）配置思路

采用如下思路配置NAT Outbound。

① 配置接口IP地址。

② 在WAN侧接口下配置NAT Outbound，实现内部主机访问外网服务功能。

（3）操作步骤

① 在AR2200上配置接口IP地址。

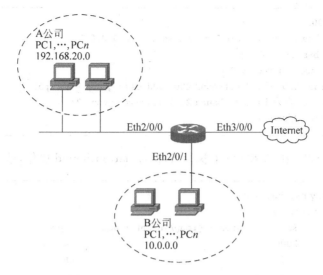

图 14-3 配置 NAT Outbound 组网图

```
<Huawei> system-view
[Huawei] vlan 100
[Huawei-vlan 100] quit
[Huawei] interface vlanif 100
[Huawei-Vlanif 100] ip address 192.168.20.1 24
[Huawei-Vlanif 100] quit
[Huawei] interface Ethernet 2/0/0
[Huawei-Ethernet 2/0/0] port link-type access
[Huawei-Ethernet 2/0/0] port default vlan 100
[Huawei-Ethernet 2/0/0] quit
[Huawei] vlan 200
[Huawei-vlan 200] quit
[Huawei] interface vlanif 200
[Huawei-Vlanif 200] ip address 10.0.0.1 24
[Huawei-Vlanif 200] quit
[Huawei] interface Ethernet 2/0/1
[Huawei-Ethernet 2/0/1] port link-type access
[Huawei-Ethernet 2/0/1] port default vlan 200
[Huawei-Ethernet 2/0/1] quit
[Huawei] interface ethernet 3/0/0
[Huawei-Ethernet 3/0/0] ip address 202.169.10.1 24
[Huawei-Ethernet 3/0/0] quit
```

② 在 AR2200 上配置 NAT Outbound。

```
[Huawei] nat address-group 1 202.169.10.100 202.169.10.200
[Huawei] nat address-group 2 202.169.10.80 202.169.10.83
[Huawei] acl 2000
[Huawei-acl-basic-2000] rule 5 permit source 192.168.20.0 0.0.0.255
[Huawei-acl-basic-2000] quit
```

```
[Huawei] acl 2001
[Huawei-acl-basic-2001] rule 5 permit source 10.0.0.0 0.0.0.255
[Huawei-acl-basic-2001] quit
[Huawei] interface ethernet 3/0/0
[Huawei-Ethernet 3/0/0] nat outbound 2000 address-group 1 no-pat
[Huawei-Ethernet 3/0/0] nat outbound 2001 address-group 2
[Huawei-Ethernet 3/0/0] quit
```

③ 检查配置结果。在 AR2200 上执行 display nat outbound 操作，结果如下：

```
[Huawei] display nat outbound
NAT Outbound Information:
Interface          Acl     Address-group/IP/Interface     Type
Ethernet3/0/0      2000    1                              no-pat
Ethernet3/0/0      2001    2                              pat
Total : 2
```

2. 配置实例二：地址池方式的 NAPT 和 NAT Server 举例

（1）组网需求

某公司内部网络通过 USG 与 Internet 进行连接，将内网用户划分到 Trust（信任）区域，两台服务器划分到 DMZ 区域，将 Internet 划分到 Untrust（不信任）区域。

① 需求 1

该公司 Trust 区域的 192.168.1.0/24 网段的用户可以访问 Internet，该安全区域其他网段的用户不能访问。提供的访问外部网络的合法 IP 地址范围为 1.1.1.3～1.1.1.6。由于公有地址不多，需要使用 NAPT（Network Address Port Translation）功能进行地址复用。

② 需求 2

提供 FTP 和 Web 服务器供外部网络用户访问。其中 FTP Server 的内部 IP 地址为 10.1.1.2，端口号为默认值 21，Web Server 的内部 IP 地址为 10.1.1.3，端口为 8080。两者对外公布的地址均为 1.1.1.2，对外使用的端口号均为默认值，即 21 和 80。

配置 NAPT 和内部服务器组网图如图 14-4 所示。

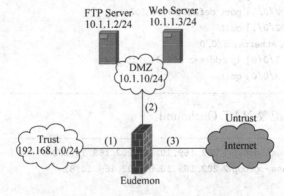

图 14-4 配置 NAPT 和内部服务器组网

(2) 数据准备

① 接口号：GigabitEthernet0/0/1；IP 地址：192.168.1.1/24；安全区域：Trust。
② 接口号：GigabitEthernet0/0/2；IP 地址：10.1.1.1/24；安全区域：DMZ。
③ 接口号：GigabitEthernet0/0/3；IP 地址：1.1.1.1/24；安全区域：Untrust。
④ FTP-Server IP 地址：10.1.1.2/24。
⑤ Web-Server IP 地址：10.1.1.3/24。

(3) 操作步骤

① 配置各接口的 IP 地址，并将其加入安全区域。

```
<USG> system-view
[USG] interface GigabitEthernet 0/0/1
[USG-GigabitEthernet 0/0/1] ip address 192.168.1.1 24
[USG-GigabitEthernet 0/0/1] quit
[USG] interface GigabitEthernet 0/0/2
[USG-GigabitEthernet 0/0/2] ip address 10.1.1.1 24
[USG-GigabitEthernet 0/0/2] quit
[USG] interface GigabitEthernet 0/0/3
[USG-GigabitEthernet 0/0/3] ip address 1.1.1.1 24
[USG-GigabitEthernet 0/0/3] quit
[USG] firewall zone trust
[USG-zone-trust] add interface GigabitEthernet 0/0/1
[USG-zone-trust] quit
[USG] firewall zone dmz
[USG-zone-dmz] add interface GigabitEthernet 0/0/2
[USG-zone-dmz] quit
[USG] firewall zone untrust
[USG-zone-untrust] add interface GigabitEthernet 0/0/3
[USG-zone-untrust] quit
```

② 配置域间包过滤，以保证网络基本通信正常。对于 USG 200E-X 系列，不需要执行此步骤。使 192.168.1.0/24 网段用户可以访问 Untrust 区域，使 Untrust 区域用户可以访问 DMZ 区域中的 10.1.1.2 和 10.1.1.3 两台服务器。

```
[USG] policy interzone trust untrust outbound
[USG-policy-interzone-trust-untrust-outbound] policy 0
[USG-policy-interzone-trust-untrust-outbound-0] policy source 192.168.1.0 0.0.0.255
[USG-policy-interzone-trust-untrust-outbound-0] action permit
[USG-policy-interzone-trust-untrust-outbound-0] quit
[USG-policy-interzone-trust-untrust-outbound] quit
[USG] policy interzone dmz untrust inbound
[USG-policy-interzone-dmz-untrust-inbound] policy 0
[USG-policy-interzone-dmz-untrust-inbound-0] policy destination 10.1.1.2 0
[USG-policy-interzone-dmz-untrust-inbound-0] policy service service-set ftp
[USG-policy-interzone-dmz-untrust-inbound-0] action permit
[USG-policy-interzone-dmz-untrust-inbound-0] quit
[USG-policy-interzone-dmz-untrust-inbound] policy 1
```

```
[USG - policy - interzone - dmz - untrust - inbound - 1] policy destination 10.1.1.3 0
[USG - policy - interzone - dmz - untrust - inbound - 1] policy service service - set http
[USG - policy - interzone - dmz - untrust - inbound - 1] action permit
[USG - policy - interzone - dmz - untrust - inbound - 1] quit
[USG - policy - interzone - dmz - untrust - inbound] quit
```

③ 配置 NAPT,完成需求 1。

a) 创建 NAT 地址池。

```
[USG] nat address - group 1 1.1.1.3 1.1.1.6
```

b) 创建 Trust 区域和 Untrust 区域之间的 NAT 策略,确定进行 NAT 转换的源地址范围,并且将其与 NAT 地址池 1 进行绑定。

```
[USG] nat - policy interzone trust untrust outbound
[USG - nat - policy - interzone - trust - untrust - outbound] policy 0
[USG - nat - policy - interzone - trust - untrust - outbound - 0] policy source 192.168.1.0 0.0.0.255
[USG - nat - policy - interzone - trust - untrust - outbound - 0] action source - nat
[USG - nat - policy - interzone - trust - untrust - outbound - 0] address - group 1
[USG - nat - policy - interzone - trust - untrust - outbound - 0] quit
[USG - nat - policy - interzone - trust - untrust - outbound] quit
```

④ 配置内部服务器,完成需求 2。

a) 创建两台内网服务器的公网 IP 与私网 IP 的映射关系。

```
[USG] nat server protocol tcp global 1.1.1.2 ftp inside 10.1.1.2 ftp
[USG] nat server protocol tcp global 1.1.1.2 www inside 10.1.1.3 8080
```

b) 在 DMZ 和 Untrust 域间配置 NAT ALG,使服务器可以正常对外提供 FTP 服务。

```
[USG] firewall interzone dmz untrust
[USG - interzone - dmz - untrust] detect ftp
[USG - interzone - dmz - untrust] quit
```

⑤ 在 USG 以及与 USG 相连的网络设备上正确配置路由协议,使外网设备可以正确生成达到内部服务器的路由信息,使设备上可以正确生成外网的路由信息。

(4) 操作结果

① 需求 1 结果验证。

a) 配置完成后,从内部网络的主机 192.168.1.2 Ping 公网地址(如 2.2.2.2)可以 Ping 通。

```
C:\Documents and Settings\Administrator>ping 2.2.2.2
  PING 2.2.2.2: 56 data bytes, press CTRL_C to break
    Reply from 2.2.2.2: bytes = 56 Sequence = 1 ttl = 254 time = 20 ms
    Reply from 2.2.2.2: bytes = 56 Sequence = 2 ttl = 254 time = 10 ms
    Reply from 2.2.2.2: bytes = 56 Sequence = 3 ttl = 254 time = 10 ms
    Reply from 2.2.2.2: bytes = 56 Sequence = 4 ttl = 254 time = 10 ms
    Reply from 2.2.2.2: bytes = 56 Sequence = 5 ttl = 254 time = 10 ms
      --- 2.2.2.2 ping statistics ---
    5 packet(s) transmitted
    5 packet(s) received
    0.00% packet loss
round-trip min/avg/max = 10/12/20 ms
```

b) 在 USG 上查看相应会话表，会话表项建立成功。

```
[USG] display firewall session table verbose
icmp VPN: public --> public
Zone: trust --> untrust TTL: 00:00:20 Left: 00:00:15
Interface: GigabitEthernet0/0/3 Nexthop: 2.2.2.2
<-- packets: 0 bytes: 0 --> packets: 5 bytes: 420
192.168.1.2:44012[1.1.1.3:6103] --> 2.2.2.2:2048
```

c) 在 USG 上查看 NAT 相关配置。

```
[USG] display nat all
NAT address-group information:
  number                 : 1          name                : ---
  startaddr              : 1.1.1.3    endaddr             : 1.1.1.6
  reference              : 1          vrrp                : ---
  vpninstance            : public
    Total 1 address-groups
Server in private network information:
  id                     : 0
  zone                   : ---        interface           : ---
  globaladdr             : 1.1.1.2
  inside-start-addr :    10.1.1.2     inside-end-addr     : 10.1.1.2
  global-start-port :    21(ftp)      global-end-port     : 21(ftp)
  insideport             : 21(ftp)
  globalvpn              : public     insidevpn           : public
  protocol               : tcp        vrrp                : ---
  no-reverse             : no
  id                     : 1
  zone                   : ---        interface           : ---
  globaladdr             : 1.1.1.2
  inside-start-addr :    10.1.1.3     inside-end-addr     : 10.1.1.3
  global-start-port :    80(www)      global-end-port     : 80(www)
```

```
    insideport                          : 8080
    globalvpn                           : public      insidevpn      : public
    protocol                            : tcp         vrrp
    no-reverse                          : no
      Total 2 NAT servers
```

② 需求 2 结果验证（以 FTP 业务为例）。

a) NAT Server 配置成功后，在 USG 上查看 Server-map 表项，建立成功。

```
[USG] display firewall server-map
server-map item(s)
Nat Server, ANY -> 1.1.1.2:21[10.1.1.2:21], Zone: ---
    Protocol: tcp(Appro: ftp), Left-Time: --:--:--, Addr-Pool: ---
    VPN: public -> public

Nat Server Reverse, 10.1.1.2[1.1.1.2] -> ANY, Zone: ---
    Protocol: ANY(Appro: ---), Left-Time: --:--:--, Addr-Pool: ---
    VPN: public -> public

Nat Server, ANY -> 1.1.1.2:80[10.1.1.3:8080], Zone: ---
    Protocol: tcp(Appro: http), Left-Time: --:--:--, Addr-Pool: ---
    VPN: public -> public

Nat Server Reverse, 10.1.1.3[1.1.1.2] -> ANY, Zone: ---
    Protocol: ANY(Appro: ---), Left-Time: --:--:--, Addr-Pool: ---
    VPN: public -> public
```

b) 当用户（2.2.2.2）访问 FTP 服务器时，USG 上建立相应会话表项。

```
[USG] display firewall session table verbose

ftp VPN: public --> public
Zone: untrust --> dmz TTL: 00:00:10 Left: 00:00:08
Interface: GigabitEthernet0/0/2 Nexthop: 10.1.1.2
<-- packets: 8 bytes: 369 --> packets: 9 bytes: 364
2.2.2.2:49995 --> 1.1.1.2:21[10.1.1.2:21]

tcp VPN: public --> public
Zone: dmz --> untrust TTL: 00:10:00 Left: 00:09:59
Interface: GigabitEthernet0/0/3 Nexthop: 2.2.2.2
<-- packets: 4 bytes: 238 --> packets: 4 bytes: 164
10.1.1.2:20[1.1.1.2:20] --> 2.2.2.2:52486
```

任务总结

通过本任务的实施,应掌握下列知识和技能。
(1) 掌握私有地址范围。
(2) 掌握 NAT 技术的背景和未来。
(3) 掌握 NAT 技术的配置命令和应用范围。

 习题

1. 私有 IP 地址范围有哪些?
2. Easy IP 是什么?
3. 写出 NAT Server 的配置命令。

任务十五 VPN 技术

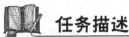

一家企业在全国各地的办事处,需要传输数据的方式有多种。利用公网传输数据时,很容易遭到窃听和篡改。租用专线实现企业内部的互联网络,这种方式需要在两地或多个地点之间租用长途线路,不论是否有数据传输,这条长途线路都固定分配,用户付出的代价很高。有没有一种既安全有经济的方式呢?

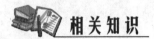

15.1 VPN 概述

1. 什么是 VPN

VPN 即虚拟专用网,是在公用网络上建立专用网络,并进行加密通信。在企业网络中有广泛应用。VPN 网关通过对数据包的加密和数据包目标地址的转换实现远程访问。VPN 有多种分类方式,主要是按协议进行分类。VPN 可通过服务器、硬件、软件等多种方式实现。VPN 具有成本低、易于使用的特点。

2. 常见的 VPN 技术简介

(1) L2TP VPN

L2TP 是一种工业标准的 Internet 隧道协议,功能大致和 PPTP 协议类似,比如同样可以对网络数据流进行加密。不过也有不同之处,比如 PPTP 要求网络为 IP 网络,L2TP 要求面向数据包的点对点连接;PPTP 使用单一隧道,L2TP 使用多隧道;L2TP 提供包头压缩、隧道验证,而 PPTP 不支持。

(2) GRE VPN

GRE(Generic Routing Encapsulation)即通用路由封装协议,是对某些网络层协议(如 IP 和 IPX)的数据报进行封装,使这些被封装的数据报能够在另一个网络层协议(如 IP)中传输。GRE 是 VPN(Virtual Private Network)的第三层隧道协议,即在协议层之间采用了一种被称为 Tunnel(隧道)的技术。

(3) IPSec VPN

IPSec(IP Security)是 IETF 制定的三层隧道加密协议,它为 Internet 上传输的数据提供了高质量的、可互操作的、基于密码学的安全保证。特定的通信方之间在 IP 层通过加密与数据源认证等方式,提供了安全服务。正因为如此,可以利用 IPSec 技术组建 VPN,也可以利用 IPSec 与其他技术结合来提高安全的 VPN。

(4) SSL VPN

SSL VPN 是以 HTTPS 为基础的 VPN 技术,工作在传输层和应用层之间。SSL VPN 充分利用了 SSL 协议提供的基于证书的身份认证、数据加密和消息完整性验证机制,可以为应用层之间的通信建立安全连接。

SSL VPN 广泛应用于基于 Web 的远程安全接入,为用户远程访问公司内部网络提供了安全保证。管理员在 SSL VPN 网关上创建企业网内服务器对应的资源;远程接入用户访问企业网内的服务器时,首先与 SSL VPN 网关建立 HTTPS 连接,选择需要访问的资源,由 SSL VPN 网关将资源访问请求转发给企业网内的服务器。SSL VPN 通过在远程接入用户和 SSL VPN 网关之间建立 SSL 连接、SSL VPN 网关对用户进行身份认证等机制,实现了对企业网内服务器的保护。

(5) MPLS VPN

MPLS(Multiprotocol Label Switching,多协议标签交换)是一种新兴的 IP 骨干网技术。MPLS 在无连接的 IP 网络上引入面向连接的标签交换概念,将第三层路由技术和第二层交换技术相结合,充分发挥了 IP 路由的灵活性和二层交换的简捷性。正是 MPLS 的面向连接的标签交换特性,与其他技术(如 BGP)的组合使用,使其成为一种流行的 VPN 技术。如 BGP MPLS VPN 就得到了广泛应用。

15.2　IPSec 概述

首先介绍 IPSec 的几个重要概念。

(1) IPSec 对等体

IPSec 用于在两个端点之间提供安全的 IP 通信,通信的两个端点被称为 IPSec 对等体。

(2) 安全联盟

SA(Security Association)安全联盟,定义了 IPSec 通信对等体间将使用哪种摘要和加密算法、什么样的密钥进行数据的安全转换和传输。

SA 是单向的,在两个对等体之间的双向通信,最少需要两个 SA 来分别对两个方向的数据流进行安全保护;如果两个对等体希望同时使用 AH 和 ESP 来进行安全通信,则每个对等体针对每一种协议都需要构建一个独立的 SA。

SA 由一个三元组来唯一标识,这个三元组包括安全参数索引 SPI(Security Parameter Index)、目的 IP 地址、安全协议名(AH 或 ESP)。SPI 是一个 32 比特数值,它在 AH 和 ESP 头中传输。

(3) 安全联盟生成方式

有两种方式建立安全联盟:一种是手工方式(manual);另一种是 IKE 动态协商(isakmp)方式。

手工方式建立安全联盟比较复杂,安全联盟所需的全部信息都必须手工配置,手工方式建立的安全联盟永不老化。

IKE 动态协商方式建立安全联盟则相应简单些,只需要通信对端体间配置好 IKE 协商信息,由 IKE 自动协商来创建和维护 SA。通过 IKE 协商建立的安全联盟具有生存周期。

> 基于时间的生存周期。

> 基于流量的生存周期。

生存周期达到指定的时间或指定的流量,安全联盟就会失效。安全联盟失效前,IKE 将为 IPSec 重新协商新的安全联盟。

网络中,进行通信的 IPSec 对等体设备数量较少时,或者是在小型静态环境中,手工配置安全联盟是可行的;对于中、大型的动态网络环境中,推荐使用 IKE 动态协商建立安全联盟。

(4) IPSec 封装模式

IPSec 协议有两种封装模式。

① 隧道模式。在隧道模式下,AH 或 ESP 插入原始 IP 头之前,另外生成一个新 IP 头放到 AH 或 ESP 之前。以 TCP 为例,IPSec 隧道模式如图 15-1 所示。

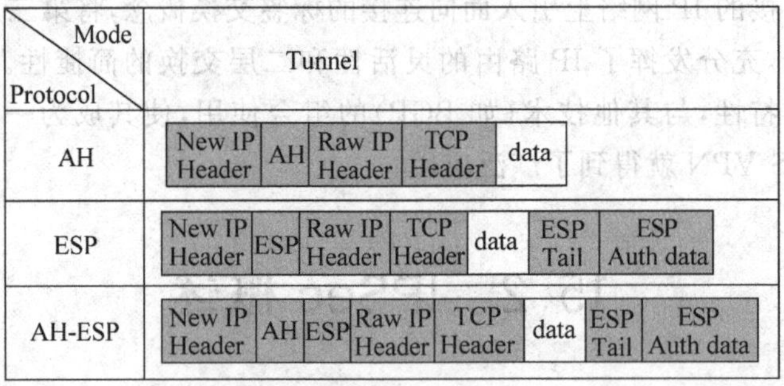

Mode\Protocol	Tunnel					
AH	New IP Header	AH	Raw IP Header	TCP Header	data	
ESP	New IP Header	ESP	Raw IP Header	TCP Header	data	ESP Tail / ESP Auth data
AH-ESP	New IP Header	AH	ESP	Raw IP Header	TCP Header	data / ESP Tail / ESP Auth data

图 15-1　IPSec 隧道模式

② 传输模式。在传输模式下,AH 或 ESP 被插入 IP 头之后但在传输层协议之前。以 TCP 为例,IPSec 传输模式如图 15-2 所示。

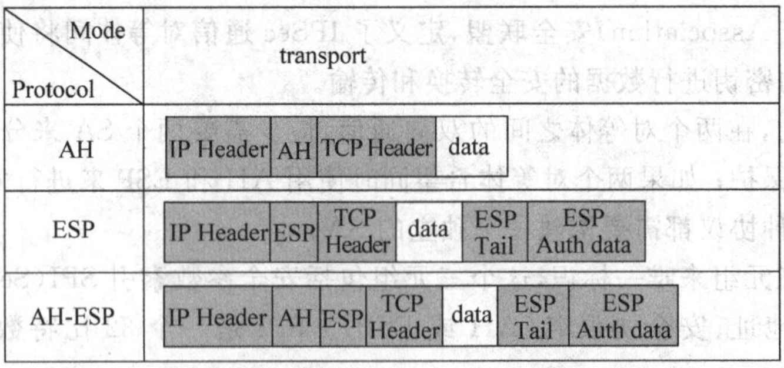

Mode\Protocol	transport					
AH	IP Header	AH	TCP Header	data		
ESP	IP Header	ESP	TCP Header	data	ESP Tail	ESP Auth data
AH-ESP	IP Header	AH	ESP	TCP Header	data	ESP Tail / ESP Auth data

图 15-2　IPSec 传输模式

选择隧道模式还是传输模式可以从以下方面考虑。

> 从安全性方面,隧道模式优于传输模式。它可以完全地对原始 IP 数据报进行认证和加密,而且,可以使用 IPSec 对等体的 IP 地址来隐藏客户机的 IP 地址。

➢ 从性能方面，隧道模式因为有一个额外的 IP 头，所以它将比传输模式占用更多带宽。

(5) 认证算法与加密算法

① 认证算法

AH 和 ESP 都能够对 IP 报文的完整性进行认证，以判别报文在传输过程中是否被篡改。认证算法的实现主要是通过杂凑函数，杂凑函数是一种能够接受任意长的消息输入，并产生固定长度输出的算法，该输出称为消息摘要。IPSec 对等体根据 IP 报文内容，计算摘要，如果两个摘要是相同的，则表示报文是完整、未经篡改的。一般来说 IPSec 可以使用两种认证算法。

➢ MD5(Message Digest 5)：MD5 通过输入任意长度的消息，产生 128bit 的消息摘要。

➢ SHA-1(Secure Hash Algorithm)：SHA-1 通过输入长度小于 2^{64} bit 的消息，产生 160bit 的消息摘要。

② 加密算法

ESP 能够对 IP 报文内容进行加密保护，以防止报文内容在传输过程中被窃探。加密算法实现主要通过对称密钥系统，它使用相同的密钥对数据进行加密和解密。一般来说，IPSec 使用 DES、3DES(Triple Data Encryption Standard)及 AES(Advanced Encryption Standard)三种加密算法。

➢ DES：使用 56bit 的密钥对一个 64bit 的明文块进行加密。

➢ 3DES：使用三个 56bit 的 DES 密钥（共 168bit 密钥）对明文进行加密。

➢ AES：使用 128bit、192bit 或 256bit 密钥长度的 AES 算法对明文进行加密。

这三个加密算法的安全性由高到低依次是：AES、3DES、DES，安全性高的加密算法实现机制复杂，运算速度慢。对于普通的安全要求，DES 算法就可以满足需要。

下面介绍 IPSec 工作流程。

如图 15-3 所示，IPSec 通过认证头 AH(Authentication Header)和封装安全载荷 ESP (Encapsulating Security Payload)这两个安全协议来实现 IP 数据报的安全传送；因特网密钥交换协议 IKE(Internet Key Exchange)提供密钥协商、建立和维护安全联盟的服务，以简化 IPSec 的部署和使用。

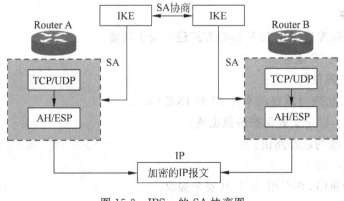

图 15-3 IPSec 的 SA 协商图

- AH 认证头协议：提供数据源认证、数据完整性校验和报文防重放功能。发送端对 IP 头的不变部分和 IP 净荷进行离散运算，生成一个摘要字段；接收端根据接收的 IP 报文，对报文重新计算摘要字段，通过摘要字段的比较，判别报文在网络传输期间是否被篡改。AH 认证头协议没有对 IP 净荷提供加密操作。
- ESP 封装安全载荷协议：除提供 AH 认证头协议的所有功能之外，还可对 IP 报文净荷进行加密。ESP 协议允许对 IP 报文净荷进行加密和认证、只加密或者只认证，ESP 没有对 IP 头的内容进行保护。
- IKE 因特网密钥交换协议：完成 IPSec 通信对等体间的安全联盟 SA（Security Association）协商，协商出对等体间数据安全传输需要的认证算法、加密算法和对应的密钥。

AH 和 ESP 可以单独使用，也可以同时使用。AH 和 ESP 同时使用时，报文在 IPSec 安全转换时先进行 ESP 封装，再进行 AH 封装；IPSec 解封装时，先进行 AH 解封装，再进行 ESP 解封装。IKE 密钥交换不是必需的，IPSec 所使用的策略和算法等可以通过手工配置完成。

任务实施

1. 组网需求

如图 15-4 所示，在 Router A 和 Router B 之间建立一个安全隧道，对 PC A 代表的子网（10.1.1.x）与 PC B 代表的子网（10.1.2.x）之间的数据流进行安全保护。安全协议采用 ESP 协议，加密算法采用 DES，认证算法采用 SHA1。

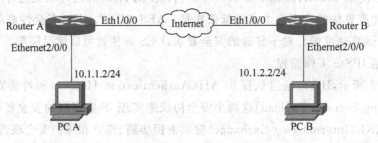

图 15-4　采用 IKE 协商方式建立安全联盟组网

2. 配置思路

采用如下思路配置采用 IKE 协商方式建立安全联盟。
- 配置接口的 IP 地址。
- 配置 IKE 提议。
- 配置 IKE 协商时需要的本机 ID 和 IKE Peer。
- 配置 ACL，以定义要保护的数据流。
- 配置到对端的静态路由。
- 配置安全提议。
- 配置安全策略，并引用 ACL 和安全提议。
- 在接口上应用安全策略。

3. 操作步骤

(1) 分别在 Router A 和 Router B 上配置各接口的 IP 地址。

♯在 Router A 上配置接口的 IP 地址。

```
<HW-FW> system-view
[HW-FW] vlan 100
[HW-FW-vlan 100] quit
[HW-FW] interface vlanif 100
[HW-FW-Vlanif 100] ip address 10.1.1.1 24
[HW-FW-Vlanif 100] quit
[HW-FW] interface Ethernet 2/0/0
[HW-FW-Ethernet 2/0/0] port link-type access
[HW-FW-Ethernet 2/0/0] port default vlan 100
[HW-FW-Ethernet 2/0/0] quit
[HW-FW] interface Ethernet 1/0/0
[HW-FW-Ethernet 1/0/0] ip address 202.38.163.1 255.255.255.0
[HW-FW-Ethernet 1/0/0] quit
```

♯在 Router B 上配置出接口的 IP 地址。

```
<HW-FW> system-view
[HW-FW] vlan 100
[HW-FW-vlan 100] quit
[HW-FW] interface vlanif 100
[HW-FW-Vlanif 100] ip address 10.1.2.1 24
[HW-FW-Vlanif 100] quit
[HW-FW] interface Ethernet 2/0/0
[HW-FW-Ethernet 2/0/0] port link-type access
[HW-FW-Ethernet 2/0/0] port default vlan 100
[HW-FW-Ethernet 2/0/0] quit
[HW-FW] interface Ethernet 1/0/0
[HW-FW-Ethernet 1/0/0] ip address 202.38.163.2 255.255.255.0
[HW-FW-Ethernet 1/0/0] quit
```

(2) 分别在 Router A 和 Router B 上配置 IKE 提议。

♯在 Router A 上配置 IKE 提议。

```
[HW-FW] ike proposal 1
[HW-FW-ike-proposal-1] encryption-algorithm aes-cbc-128
[HW-FW-ike-proposal-1] authentication-algorithm md5
[HW-FW-ike-proposal-1] quit
```

♯在 Router B 上配置 IKE 提议。

```
[HW-FW] ike proposal 1
[HW-FW-ike-proposal-1] encryption-algorithm aes-cbc-128
[HW-FW-ike-proposal-1] authentication-algorithm md5
[HW-FW-ike-proposal-1] quit
```

(3) 分别在 Router A 和 Router B 上配置本机 ID 和 IKE Peer。

♯在 Router A 上配置进行 IKE 协商时需要的本机 ID 和 IKE Peer。

```
[HW-FW] ike local-name HW-FW01
[HW-FW] ike peer spub v1
[HW-FW-ike-peer-spub] exchange-mode aggressive
[HW-FW-ike-peer-spub] ike-proposal 1
[HW-FW-ike-peer-spub] local-id-type name
[HW-FW-ike-peer-spub] pre-shared-key HW-FW
[HW-FW-ike-peer-spub] remote-name HW-FW02
[HW-FW-ike-peer-spub] remote-address 202.38.163.2
[HW-FW-ike-peer-spub] local-address 202.38.163.1
[HW-FW-ike-peer-spub] quit
```

【说明】 野蛮模式中,如果 local-id-type 取值为 name 的时候,对于发起协商端需要增加 remote-adress ×.×.×.× 的配置。

♯在 Router B 上配置进行 IKE 协商时需要的本机 ID 和 IKE Peer。

```
[HW-FW] ike local-name HW-FW02
[HW-FW] ike peer spua v1
[HW-FW-ike-peer-spua] exchange-mode aggressive
[HW-FW-ike-peer-spua] ike-proposal 1
[HW-FW-ike-peer-spua] local-id-type name
[HW-FW-ike-peer-spua] pre-shared-key HW-FW
[HW-FW-ike-peer-spua] remote-name HW-FW01
[HW-FW-ike-peer-spua] remote-address 202.38.163.1
[HW-FW-ike-peer-spua] local-address 202.38.163.2
[HW-FW-ike-peer-spua] quit
```

此时分别在 Router A 和 Router B 上执行 display ike peer 会显示所配置的信息,以 Router A 为例。

```
[HW-FW] display ike peer name spub verbose
----------------------------------------
    Peer name                : spub
    Exchange mode            : aggressive on phase 1
    Pre-shared-key           : HW-FW
    Local ID type            : name
    DPD                      : Disable
    DPD mode                 : Periodic
    DPD idle time            : 20
    DPD retransmit interval  : 5
    DPD retry limit          : 5
    Peer ip address          : 202.38.163.2
    VPN name                 :
    Local IP address         : 202.38.163.1
```

```
    Remote name                          : HW - FW02
    Nat - traversal                      : Disable
    Configured IKE version               : Version one
    ----------------------------------------
```

(4) 分别在 Router A 和 Router B 上配置访问控制列表，定义各自要保护的数据流。

#在 Router A 上配置访问控制列表。

```
[HW - FW] acl number 3101
[HW - FW - acl - adv - 3101] rule permit ip source 10.1.1.0 0.0.0.255 destination 10.1.2.0 0.0.
0.255
[HW - FW - acl - adv - 3101] quit
```

#在 Router B 上配置访问控制列表。

```
[HW - FW] acl number 3101
[HW - FW - acl - adv - 3101] rule permit ip source 10.1.2.0 0.0.0.255 destination 10.1.1.0 0.0.
0.255
[HW - FW - acl - adv - 3101] quit
```

(5) 分别在 Router A 和 Router B 上配置到对端的静态路由。

#在 Router A 上配置如下。

```
[HW - FW] ip route - static 10.1.2.0 255.255.255.0 202.38.163.2
```

#在 Router B 上配置如下。

```
[HW - FW] ip route - static 10.1.1.0 255.255.255.0 202.38.163.1
```

(6) 分别在 Router A 和 Router B 上创建安全提议。

#在 Router A 上配置安全提议。

```
[HW - FW] ipsec proposal tran1
[HW - FW - ipsec - proposal - tran1] encapsulation - mode tunnel
[HW - FW - ipsec - proposal - tran1] transform esp
[HW - FW - ipsec - proposal - tran1] esp encryption - algorithm des
[HW - FW - ipsec - proposal - tran1] esp authentication - algorithm sha1
[HW - FW - ipsec - proposal - tran1] quit
```

#在 Router B 上配置安全提议。

```
[HW - FW] ipsec proposal tran1
[HW - FW - ipsec - proposal - tran1] encapsulation - mode tunnel
[HW - FW - ipsec - proposal - tran1] transform esp
[HW - FW - ipsec - proposal - tran1] esp encryption - algorithm des[HW - FW - ipsec - proposal -
tran1] esp authentication - algorithm sha1[HW - FW - ipsec - proposal - tran1] quit
```

此时分别在 Router A 和 Router B 上执行 display ipsec proposal，会显示所配置的信息。下面以 Router A 为例说明。

```
[HW - FW] display ipsec proposal
Number of Proposals: 1
IPSec Proposal Name: tran1
Encapsulation mode:    Tunnel
Transform:             esp - new
ESP protocol:          Authentication SHA1 - HMAC - 96
                       Encryption DES
```

（7）分别在 Router A 和 Router B 上创建安全策略。

＃在 Router A 上配置安全策略。

```
[HW - FW] ipsec policy map1 10 isakmp
[HW - FW - ipsec - policy - isakmp - map1 - 10] ike - peer spub
[HW - FW - ipsec - policy - isakmp - map1 - 10] proposal tran1
[HW - FW - ipsec - policy - isakmp - map1 - 10] security acl 3101
[HW - FW - ipsec - policy - isakmp - map1 - 10] quit
```

＃在 Router B 上配置安全策略。

```
[HW - FW] ipsec policy use1 10 isakmp
[HW - FW - ipsec - policy - isakmp - use1 - 10] ike - peer spua
[HW - FW - ipsec - policy - isakmp - use1 - 10] proposal tran1
[HW - FW - ipsec - policy - isakmp - use1 - 10] security acl 3101
[HW - FW - ipsec - policy - isakmp - use1 - 10] quit
```

此时分别在 Router A 和 Router B 上执行 display ipsec policy，会显示所配置的信息。下面以 Router A 为例说明。

```
[HW - FW] display ipsec policy
===========================================
IPSec Policy Group: "map1"
Using local - address: {(null)}
Using interface: {}
===========================================
    SequenceNumber: 10
    Security data flow: 3101
    IKE - peer name: spub
    Perfect forward secrecy: None
    Proposal name: tran1
    IPSec SA local duration(time based): 3600 seconds
    IPSec SA local duration(traffic based): 1843200 kilobytes
    SA trigger mode: Automatic
```

（8）分别在 Router A 和 Router B 的接口上应用各自的安全策略。
在 Router A 的接口上引用安全策略。

```
[HW－FW] interface Ethernet 1/0/0
[HW－FW－Ethernet 1/0/0] ipsec policy map1
[HW－FW－Ethernet 1/0/0] quit
```

在 Router B 的接口上引用安全策略。

```
[HW－FW] interface Ethernet 1/0/0
[HW－FW－Ethernet 1/0/0] ipsec policy use1
[HW－FW－Ethernet 1/0/0] quit
```

此时分别在 Router A 和 Router B 上执行 display ipsec sa，会显示所配置的信息。下面以 Router A 为例说明。

```
[HW－FW] display ipsec sa
===============================
Interface: Ethernet 1/0/0
path MTU: 1500
===============================
 -----------------------------
   IPSec policy name: "map1"
   sequence number: 10
   mode: isakmp
 -----------------------------
Connection id: 3
    encapsulation mode: tunnel
    tunnel local : 202.38.163.1
    tunnel remote: 202.38.163.2
    [inbound ESP SAs]
      spi: 1406123142 (0x53cfbc86)
      proposal: ESP－ENCRYPT－DES ESP－AUTH－SHA1
      sa remaining key duration (bytes/sec): 1887436528/3575
      max received sequence-number: 4
      udp encapsulation used for nat traversal: N
    [outbound ESP SAs]
      spi: 3835455224 (0xe49c66f8)
      proposal: ESP－ENCRYPT－DES ESP－AUTH－SHA1
      sa remaining key duration (bytes/sec): 1887436464/3575
      max sent sequence-number: 5
      udp encapsulation used for nat traversal: N
```

（9）检查配置结果。

配置成功后，在主机 PC A 上执行 ping 操作，仍然可以 ping 通主机 PC B，它们之间的数据传输将被加密。

在 Router A 上执行 display ike sa 操作，结果如下：

```
[HW - FW] display ike sa
Conn - ID    Peer            VPN    Flag(s)    Phase
14           202.38.163.2    0      RD|ST      1
16           202.38.163.2    0      RD|ST      2
 Flag Description:
RD -- READY ST -- STAYALIVE RL -- REPLACED FD -- FADING TO -- TIMEOUT
HRT -- HEATBEAT LKG -- LAST KNOWN GOOD SEQ NO. BCK -- BACKED UP
```

任务总结

通过本任务的实施，应掌握下列知识和技能。
(1) 掌握 VPN 的作用。
(2) 掌握 VPN 的种类。
(3) 掌握 IPSec 的原理。
(4) 掌握 IPSec 的配置过程。

习题

1. 什么是 IPSec 对等体？
2. 建立安全联盟的两种方式是什么？
3. IPSec 协议的两种封装模式是什么？

项目四

使用应用层协议

 知识概要

- ★ DHCP 协议
- ★ DNS 协议
- ★ FTP/TFTP 协议
- ★ HTTP 协议
- ★ SMTP/POP3 协议

 技能概述

- ★ DHCP Server 的搭建
- ★ DHCP Relay 的配置
- ★ FTP Server 的搭建

任务十六 DHCP 协议

任务描述

随着网络规模的不断扩大和网络复杂度的提高,越来越多的设备连接到网络中,每台设备都需要分配唯一的 IP 地址,手工配置需要很大的工作量,而且难以对整个网络进行集中管理;而且有时经常出现计算机的数量超过可供分配的 IP 地址的情况;同时随着便携机及无线网络的广泛使用,计算机的位置也经常变化,相应的 IP 地址和一些网络参数也必须经常更新,从而导致网络配置越来越复杂。这时 DHCP 协议就能够为我们解决这个问题。

16.1 DHCP 协议简介

随着网络规模的扩大和网络复杂度的提高,计算机的数量经常超过可供分配的 IP 地址的数量,同时随着便携机及无线网络的广泛应用,计算机的位置也经常变化,相应的 IP 地址也必须经常更新,从而导致网络配置越来越复杂。动态主机配置协议 DHCP 就是为满足这些需求而发展起来的。

DHCP 的作用是为局域网中每台计算机自动分配 TCP/IP 信息,包括 IP 地址、子网掩码、网关,以及 DNS 服务器等。其优点是终端主机无须配置、网络维护方便。

DHCP(Dynamic Host Configuration Protocol,动态主机配置协议)为互联网上的主机提供地址和配置参数。DHCP 是基于 Client/Server 工作模式,DHCP 服务器为需要为主机分配 IP 地址和提供主机配置参数。

与 BOOTP 相比,DHCP 也采用客户端/服务器通信模式,由客户端向服务器提出配置申请(包括分配的 IP 地址、子网掩码、默认网关等参数),服务器根据策略返回相应配置信息,两种报文都采用 UDP 进行封装,并使用基本相同的报文结构。

BOOTP 运行在相对静态(每台主机都有固定的网络连接)的环境中,管理员为每台主机配置专门的 BOOTP 参数文件,该文件会在相当长的时间内保持不变。

DHCP 从两方面对 BOOTP 进行了扩展。

➢ DHCP 可使计算机仅用一个消息就获取它所需要的所有配置信息。

➢ DHCP 允许计算机快速、动态地获取 IP 地址,而不是静态为每台主机指定地址。

DHCP 服务器支持三种类型的地址分配方式。

(1) 手工分配

由管理员为少数特定 DHCP 客户端（如 DNS、WWW 服务器、打印机等）静态绑定固定的 IP 地址。通过 DHCP 服务器将所绑定的固定 IP 地址分配给 DHCP 客户端。此地址永久被该客户端使用，其他主机无法使用。

(2) 自动分配

DHCP 服务器为 DHCP 客户端动态分配租期为无限长的 IP 地址。只有客户端释放该地址后，该地址才能被分配给其他客户端使用。

(3) 动态分配

DHCP 服务器为 DHCP 客户端分配具有一定有效期的 IP 地址。如果客户端没有及时续约，到达使用期限后，此地址可能会被其他客户端使用。绝大多数客户端得到的都是这种动态分配的地址。

在这三种方式中，只有动态分配的方式可以对已经分配给主机但现在主机已经不用的 IP 地址重新加以利用。这样，在给一台临时连入网络的主机分配地址或者在一组不需要永久地 IP 地址的主机中共享一组有限的 IP 地址时，动态分配显得特别有用。当一台新主机要永久地接入一个网络时，而网络的 IP 地址非常有限，为了将来这台主机被淘汰时能回收 IP 地址，这种情况下动态分配也是一个很好的选择。

在 DHCP 环境中，DHCP 服务器为 DHCP 客户端分配 IP 地址时采用的一个基本原则就是尽可能地为客户端分配原来使用的 IP 地址。我们在实际使用过程中会发现，当 DHCP 客户端重新启动后，它也能够获得相同的 IP 地址。DHCP 服务器为 DHCP 客户端分配 IP 地址时采用如下的先后顺序。

(1) DHCP 服务器数据库中与 DHCP 客户端的 MAC 地址静态绑定的 IP 地址。

(2) DHCP 客户端曾经使用过的地址。

(3) 最先找到的可用 IP 地址。

如果未找到可用的 IP 地址，则依次查询超过租期、发生冲突的 IP 地址，如果找到则进行分配，否则报告错误。

16.2　DHCP 的报文格式

DHCP 有 8 种类型的报文，每种报文的格式相同，只是报文中的某些字段取值不同。DHCP 报文格式基于 BOOTP 的报文格式，具体格式如图 16-1 所示。

DHCP 消息通过 UDP 方式进行封装，除去通用的 IP 和 UDP 头，剩余的消息由 15 个不同字段组成，结构相对来说还是比较复杂的，这 15 个字段都有各自不同的用处，通过下面详细分析各个字段的组成和含义，希望大家能够较好地进行掌握。

> ➢ op 字段：长度为 1 字节，表示当前消息是 DHCP Client 的请求还是 DHCP Server 的应答。当 op 字段为 1 时表示是 Client 的请求消息，为 2 时表示的是 Server 的应答消息。
> ➢ htype 字段：长度为 1 字节，表示 DHCP Client 的网络硬件地址类型，如 htype 为 1

```
 0          7         15           23          31
┌───────────┬──────────┬────────────┬──────────┐
│  op (1)   │ htype(1) │  hlen (1)  │ hops (1) │
├───────────┴──────────┴────────────┴──────────┤
│                    xid (4)                   │
├──────────────────────┬───────────────────────┤
│       secs (2)       │       flag (2)        │
├──────────────────────┴───────────────────────┤
│                   ciaddr (4)                 │
├──────────────────────────────────────────────┤
│                   yiaddr (4)                 │
├──────────────────────────────────────────────┤
│                   siaddr (4)                 │
├──────────────────────────────────────────────┤
│                   giaddr (4)                 │
├──────────────────────────────────────────────┤
│                   chaddr (16)                │
├──────────────────────────────────────────────┤
│                   sname (64)                 │
├──────────────────────────────────────────────┤
│                   file (128)                 │
├──────────────────────────────────────────────┤
│               options (variable)             │
└──────────────────────────────────────────────┘
```

图 16-1 DHCP 报文格式

表示 DHCP Client 的网络硬件地址类型为 10Mbps 的以太网类型。

- hlen 字段：长度为 1 字节，表示 DHCP Client 的硬件地址的长度，如 hlen 为 6 表示 DHCP Client 的网络硬件地址长度为 6 字节。

- hops 字段：长度为 1 字节，表示 DHCP 报文经过的 DHCP 中继的数目，DHCP 请求报文每经过一个 DHCP 中继，该字段就会增加 1。该字段类似于 IP 报文头中的 TTL 字段，但含义完全不同，此字段的作用是限制 DHCP 消息不要经过太多的中继设备，协议规定当 hops 大于 4（现在也有规定为 16）时，这个 DHCP 消息就不能再进行处理，而是需要丢弃。

- xid 字段：长度为 4 字节，客户端发起一次请求时选择的随机数，用来标识一次地址请求过程。

- secs 字段：长度为 2 字节，标识 DHCP 客户端开始 DHCP 请求后所经过的时间。

- flag 字段：长度为 2 字节，第一个比特为广播响应标识位，用来标识 DHCP 服务器响应报文是采用单播还是广播发送，0 表示采用单播方式，1 表示采用广播方式。其余比特保留不用。

- ciaddr 字段：长度为 2 字节，为 Client IP Address 的简写，表示 DHCP Client 的 IP 地址。可以是 DHCP Server 分配给 DHCP Client 的 IP 地址，也可以是 DHCP Client 已有的 IP 地址。只有当 Client 能够用此 IP 地址收发 IP 消息的时候，此字段才被 DHCP Client 所填充，DHCP Server 根据该字段可以将响应消息单播发送给 DHCP Client。

- yiaddr 字段：长度为 4 字节，为 Your IP Address 的简写，表示 DHCP Server 分配给 Client 的 IP 地址。当 DHCP Server 响应 DHCP Client 的 DHCP 请求时，将把分配给 DHCP Client 的 IP 地址填入此字段。

- siaddr 字段：长度为 4 字节，为 Server IP Address 的简写，表示 DHCP 客户端获取 IP 地址等信息的服务器 IP 地址。

- giaddr 字段：长度为 4 字节，为 Gateway IP Address 的简写，表示 DHCP 客户端发出请求报文后经过的第一个 DHCP Relay 的 IP 地址。当 DHCP Client 发出 DHCP

请求消息后，如果网络中存在 DHCP Relay，则第一个 DHCP Relay 设备转发这个 DHCP 消息时，就会把自己的 IP 地址填入此字段（随后的 DHCP Relay 设备将不再改写此字段，只是把 hops 加 1），DHCP Server 将会根据此字段为用户分配 IP 地址，并把响应消息转发给 DHCP Relay 设备，DHCP Relay 设备再转发给 DHCP Client。

- chaddr 字段：长度为 16 字节，为 Client Hardware Address 的简写，DHCP 客户端的硬件地址。当 DHCP Client 发出 DHCP 请求时，将把自己的网卡硬件地址填入此字段，DHCP Server 通常会根据此字段而唯一标识一个 Client。
- sname 字段：长度为 64 字节，DHCP 客户端获取 IP 地址等信息的服务器名称。此字段由 DHCP Server 填写，并且是可选的，如果填写，那么必须是一个以 0 结尾的字符串。在我们平时维护的网络中，这个字段一般是不会填写的。
- file 字段：长度为 128 字节，DHCP 服务器为 DHCP 客户端指定的启动配置文件名称及路径信息。
- options 字段：可选变长选项字段，包含报文的类型、有效租期、DNS（Domain Name System，域名系统）服务器的 IP 地址、WINS（Windows Internet Naming Service，Windows Internet 名称服务）服务器的 IP 地址等配置信息。

16.3 DHCP 协议报文的作用

DHCP 协议主要协议报文有 8 种。其中，DHCP Discover、DHCP Offer、DHCP Request、DHCP Ack 和 DHCP Release 这 5 种报文在 DHCP 协议交互过程中比较常见；而 DHCP Nak、DHCP Decline 和 DHCP Inform 等 3 种报文则较少使用。

下面简要介绍这 8 种报文的作用。

- DHCP Discover 报文：DHCP 客户端系统初始化完毕后第一次向 DHCP Server 发送的请求报文，该报文通常以广播的方式发送。
- DHCP Offer 报文：DHCP Server 对 DHCP Discover 报文的回应报文，采用广播或单播方式发送。该报文中会包含 DHCP 服务器要分配给 DHCP 客户端的 IP 地址、掩码、网关等网络参数。
- DHCP Request 报文：DHCP Client 发送给 DHCP Server 的请求报文，根据 DHCP Client 当前所处的不同状态采用单播或者广播的方式发送。完成的功能包括 DHCP Server 选择及租期更新等。
- DHCP Release 报文：当 DHCP Client 想要释放已经获得的 IP 地址资源或取消租期时，将向 DHCP Server 发送 DHCP Release 报文，采用单播方式发送。
- DHCP Ack/Nak 报文：这两种报文都是 DHCP Server 对所收到的 Client 请求报文的一个最终的确认。当收到的请求报文中各项参数均正确时，DHCP Server 就回应一个 DHCP Ack 报文，否则将回应一个 DHCP Nak 报文。
- DHCP Decline 报文：当 DHCP Client 收到 DHCP Ack 报文后，它将对所获得的 IP 地址进行进一步确认，通常利用免费 ARP 进行确认，如果发现该 IP 地址已经在网络上使用,那么它将通过广播方式向 DHCP Server 发送 DHCP Decline 报文,拒绝所获得的这个 IP 地址。

➢ DHCP Inform 报文:当 DHCP Client 通过其他方式(例如手工指定)已经获得可用的 IP 地址时,如果它还需要向 DHCP Server 索要其他的配置参数时,它将向 DHCP Server 发送 DHCP Inform 报文进行申请,DHCP Server 如果能够对所请求的参数进行分配,那么将会单播回应 DHCP Ack 报文,否则不进行任何操作。

16.4 DHCP 工作过程

当 DHCP Client 接入网络后第一次进行 IP 地址申请时,DHCP Server 和 DHCP Client 将完成以下的信息交互过程,如图 16-2 所示。

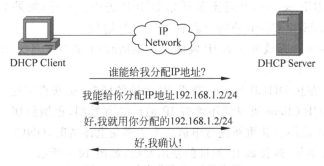

图 16-2 动态获取 IP 地址流程

第 1 步,DHCP Client 在它所在的本地物理子网中广播一个 DHCP Discover 报文,目的是寻找能够分配 IP 地址的 DHCP Server。此报文可以包含 IP 地址和 IP 地址租期的建议。

第 2 步,本地物理子网的所有 DHCP Server 都将通过 DHCP Offer 报文来回应 DHCP Discover 报文。DHCP Offer 报文中包含了可用网络地址和其他 DHCP 配置参数。当 DHCP Server 分配新的地址时,应该确认提供的网络地址没有被其他 DHCP Client 使用(DHCP Server 可以通过发送指向被分配地址的 ICMP Echo Request 来确认被分配的地址没有被使用)。然后 DHCP Server 发送 DHCP Offer 报文给 DHCP 客户端。

第 3 步,DHCP Client 收到一个或多个 DHCP Server 发送的 DHCP Offer 报文后,将从多个 DHCP Server 中选择其中一个,并且广播 DHCP Request 报文来表明哪个 DHCP Server 被选择,同时也可以包括其他配置参数的期望值。如果 DHCP Client 在一定时间后依然没有收到 DHCP Offer 报文,那么它就会重新发送 DHCP Discover 报文。

第 4 步,DHCP Server 收到 DHCP Client 发送的 DHCP Request 报文后,发送 DHCP Ack 报文作出回应,其中包含 DHCP Client 的配置参数。DHCP Ack 报文中的配置参数不能和早前相应 DHCP Client 的 DHCP Offer 报文中的配置参数有冲突。如果因请求的地址已经被分配等情况导致被选择的 DHCP Server 不能满足需求,DHCP Server 应该回应一个 DHCP Nak 报文。

当 DHCP Client 收到包含配置参数的 DHCP Ack 报文后,会发送免费 ARP 报文进行探测,目的地址为 DHCP Server 指定分配的 IP 地址,如果探测到此地址没有被使用,那么 DHCP Client 就会使用此地址并且配置完毕,如图 16-3 所示。

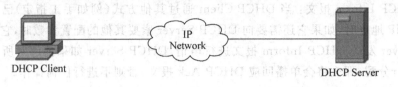

图 16-3 IP 地址拒绝及释放

如果 DHCP Client 客户端探测到地址已经被分配使用,DHCP Client 会发送 DHCP Decline 报文给 DHCP Server,并且重新开始 DHCP 进程。另外,如果 DHCP Client 收到 DHCP Nak 报文,DHCP Client 也将重新启动 DHCP 进程。

当 DHCP Client 选择放弃它的 IP 地址或者租期时,它将向 DHCP Server 发送 DHCP Release 报文。

DHCP Client 在从 DHCP Server 获得 IP 地址的同时,也获得了这个 IP 地址的租期。所谓租期就是 DHCP Client 可以使用响应 IP 地址的有效期,租期到期后 DHCP Client 必须放弃该 IP 地址的使用权并重新进行申请。为了避免上述情况,DHCP Client 必须在租期到期之前重新进行更新,延长该 IP 地址的使用期限,如图 16-4 所示。

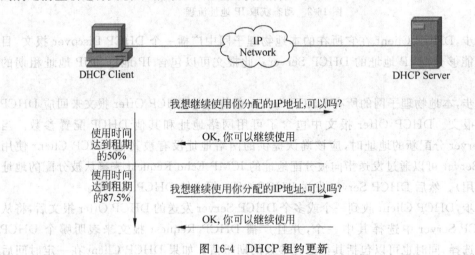

图 16-4 DHCP 租约更新

在 DHCP 中,租期的更新同下面两个状态密切相关。

➢ 更新状态(Renewing)

当 DHCP Client 所使用的 IP 地址时间到达有效租期的 50% 的时候,DHCP Client 将进入更新状态。此时,DHCP Client 将通过单播的方式向 DHCP Server 发送 DHCP Request 报文,用来请求 DHCP Server 对它的租期进行更新,当 DHCP Server 收到该请求报文后,如果确认 Client 可以继续使用此 IP 地址,则 DHCP Server 回应 DHCP Ack 报文,通知 Client 已经获得新的 IP 租约；如果此 IP 地址不可以再分配给该客户端，则 DHCP Server 回应 DHCP Ack 报文，通知 Client 不能获得新的租约。

> 重新绑定状态(Rebinding)

当 DHCP Client 所使用的 IP 地址时间到达有效期的 87.5% 的时候，DHCP Client 将进入重新绑定状态。到达这个状态的原因很有可能是在 Renewing 状态时 Client 没有收到 DHCP Server 回应的 DHCP Ack/Nak 报文导致租期更新失败。这时 DHCP Client 将通过广播的方式向 DHCP Server 发送 DHCP Request 报文，用来继续请求 DHCP Server 对它的有效租期进行更新，DHCP Server 的处理方式同上，不再赘述。

当 DHCP Client 处于 Renewing 和 Rebinding 状态时，如果 DHCP Client 发送的 DHCP Request 报文没有被 DHCP Server 回应，那么 DHCP Client 将在一定时间后重传 DHCP Request 报文。如果一直到租期到期，DHCP Client 仍没有收到回应报文，那么 DHCP Client 将被迫放弃所拥有的 IP 地址。

16.5　DHCP 中继

由于在 IP 地址动态获取过程中采取广播方式发送报文，因此 DHCP 只适用于 DHCP Client 和 Server 处于同一个子网内的情况。为了进行动态主机配置，需要在所有网段都要设置一个 DHCP Server，这显然是很不经济的。

DHCP Relay 功能的引入解决了这一难题。Client 可以通过 DHCP 中继与其他子网中的 DHCP Server 通信，最终获得 IP 地址。这样，多个网络上的 DHCP Client 可以使用同一个 DHCP Server，既节省了成本，又便于进行集中管理。

DHCP Relay 的工作原理(见图 16-5)如下：

第 1 步，具有 DHCP Relay 功能的网络设备收到 DHCP Client 以广播方式发送的 DHCP Discover 或 DHCP Request 报文后，根据配置将报文单播转发给指定的 DHCP Server。

第 2 步，DHCP Server 进行 IP 地址的分配，并通过 DHCP Relay 将配置消息广播发送给客户端，完成网络地址的动态配置。

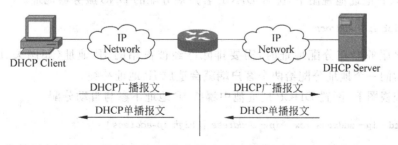

图 16-5　DHCP 中继工作原理图

16.6 DHCP 的相关配置

在大型网络中,客户端通常由专门的 DHCP 服务器分配 IP 地址。在小型网络中,可以在路由器上启用 DHCP 服务,使路由器具有 DHCP 服务器的功能,从而给客户端分配地址及相关参数。

在路由器上配置 DHCP 服务器的步骤如下:

第 1 步,在系统视图下启动 DHCP 功能。

dhcp enable

只有使能 DHCP 服务后,其他相关的 DHCP 配置才能生效。

第 2 步,在系统视图下创建 DHCP 地址池。

ip-pool *pool - name*

第 3 步,在 DHCP 地址池视图下配置地址范围。

network *network - address* [*mask - length* | **mask** *mask*]

通常情况下,采用动态地址分配方式进行地址分配。对于采用动态地址分配方式的地址池,需要配置该地址池可分配的地址范围,地址范围的大小通过掩码来设定。

第 4 步,在 DHCP 地址池视图下配置为 DHCP 客户端分配的网关地址。

gateway - list *ip - address*

DHCP 客户端访问本子网以外的服务器或主机时,数据必须通过网关进行转发。DHCP 服务器可以在为客户端分配 IP 地址的同时指定网关的地址。

通过以上的配置,在客户端发送 DHCP 协议报文给 DHCP 服务器后,服务器会给客户端分配地址池里所配置的地址,并分配所指定的网关。

通过域名访问 Internet 上主机时,需要将域名解析为 IP 地址,这是通过 DNS(Domain Name System,域名系统)实现的。为了使 DHCP 客户端能够通过域名访问 Internet 上的主机,DHCP 服务器应在为客户端分配 IP 地址的同时指定 DNS 服务器地址。

在 DHCP 地址池视图下,配置 DHCP 客户端分配的 DNS 服务器地址。

dns - list *ip - address*

DHCP 服务器在分配地址时,需要排除已经被占用的 IP 地址(如网关、DNS 服务器等)。否则,同一个地址分配给两个客户端就会造成 IP 地址冲突。

在系统视图下,配置 DHCP 地址池中哪些 IP 地址不参与自动分配。

excluded - ip - address *low - ip - Saddress* [*high-ip-address*]

DHCP 服务器在分配地址时,可以指定所分配给客户端的地址租用期限。

在 DHCP 地址池视图下,配置 DHCP 客户端分配的 IP 地址的租用期限。

lease{**day** *day* } [**hour** *hour* [**minute** *minute*]] | **unlimited**

参数说明如下。
- day：天数，取值范围为 0~365。
- hour：小时数，取值范围为 0~23。
- minute：分钟数，取值范围为 0~59。
- unlimited：有效期限为无限长。

DHCP 服务器在分配地址时，必须指定 IP 地址的分配方式。IP 地址的分配方式包括全局方式和接口方式。

配置接口工作在全局地址池模式，从该接口上线的用户可以从全局地址池中获取 IP 地址等配置信息。

配置基于接口地址池的 DHCP 服务器，从这个接口上线的用户都从该接口地址池中获取 IP 地址等配置信息。

本书中主要讲述的是基于全局地址池模式。

在接口视图下，配置 IP 地址分配方式，配置命令如下：

dhcp select [global | interface | relay]

参数说明如下。
- global：基于全局地址池模式。
- interface：基于接口地址池模式。
- relay：使能 DHCP 中继功能。

任务实施

DHCP 配置案例介绍如下。

1. 同网段内配置基于全局地址池的 DHCP 服务器示例

（1）组网需求

如图 16-6 所示，一台 PC 通过以太网连接路由器，路由器作为 DHCP 服务器，通过全局地址池模式向 PC 分配 IP 地址。

图 16-6　基于全局地址池的 DHCP 示例

（2）配置思路

DHCP 服务器的配置思路如下：

① 在 Router 上使能 DHCP 功能。

② 创建一个全局地址池并配置地址池的相关属性，如地址池范围、出口网关、地址租用期限等。

③ 配置路由器接口下本地 DHCP 服务器的地址分配方式，即 DHCP 服务器从全局地址池中给客户端分配 IP 地址。

(3) 操作步骤

① 使用 DHCP 服务。

<Huawei> system - view
[Huawei] sysname SERVER
[SERVER] dhcp enable

② 创建地址池并配置相关属性。
＃配置 IP 地址池 1 的属性（地址池范围、DNS 地址、出口网关和地址池租期）。

[SERVER] ip pool pool1
[SERVER - ip - pool - pool1] network 192.168.1.0 mask 255.255.255.0
[SERVER - ip - pool - pool1] dns - list 192.168.1.1
[SERVER - ip - pool - pool1] gateway - list 192.168.1.1
[SERVER - ip - pool - pool1] lease day 10
[SERVER - ip - pool - pool1] quit

③ 配置路由器接口下地址分配方式。
＃配置接口下的客户端从全局地址池中获取 IP 地址。

[Server] interfaceGigabitEthernet 0/0/0
[Server - GigabitEthernet 0/0/0] ip address 192.168.1.1 24
[Server - GigabitEthernet 0/0/0] dhcp select global
[Server - GigabitEthernet 0/0/0] quit

④ 验证配置结果。
在 Server 上使用 display ip pool 命令用来查看 IP 地址池配置情况。

[Server] display ip pool
Pool - name   : 1
Pool - No   : 0
Position   : Local
Status   : Unlocked
Gateway - 0   : 192.168.1.1
Mask   : 255.255.255.0
VPN instance   : --

IP address Statistic
Total   :253
Used   :1   Idle   :252
Expired   :0   Conflict   :0
Disable   :0

2. 不同网段配置 DHCP 中继示例

(1) 组网需求

如图 16-7 所示，一台 PC 通过以太网连接两台路由器，其中一台路由器作为 DHCP 服务器，另外一台路由器启用 DHCP Relay 功能，使得 PC 能够通过 DHCP Relay 从服务器分配到 IP 地址。

图 16-7　DHCP 中继示例

（2）操作步骤

① 基础配置。设置 Server 和 Relay 路由器接口的 IP 地址、路由协议等。

<Huawei> system-view
[Huawei] sysname Server
[Server] interface GigabitEthernet 0/0/0
[Server-GigabitEthernet0/0/0] ip address 1.0.0.1 8
[Server] ip route-static 192.168.1.0 24 1.0.0.2
<Huawei> system-view
[Huawei] sysname Relay
[Relay] interface GigabitEthernet 0/0/0
[Relay-GigabitEthernet0/0/0] ip address 1.0.0.2 8
[Relay] interface GigabitEthernet 0/0/1
[Relay-GigabitEthernet0/0/1] ip address 192.168.1.1 24

② 配置 DHCP 服务器。

[Server] dhcp enable
[Server] ip pool pool1
[Server-ip-pool-pool1] network 192.168.1.0 mask 255.255.255.0
[Server-ip-pool-pool1] dns-list 192.168.1.1
[Server-ip-pool-pool1] gateway-list 192.168.1.1
[Server-ip-pool-pool1] lease day 10
[Server-ip-pool-pool1] quit
[Server] interface GigabitEthernet 0/0/0
[Server-GigabitEthernet 0/0/0] ip address 192.168.1.1 24
[Server-GigabitEthernet 0/0/0] dhcp select global
[Server-GigabitEthernet 0/0/0] quit

③ 配置 DHCP Relay。
创建 DHCP 服务器组。

[Relay] dhcp server group dhcpgroup1

为 DHCP 服务器组添加 DHCP 服务器。

[Relay-dhcp-server-group-dhcpgroup1] dhcp-server 1.0.0.1
[Relay-dhcp-server-group-dhcpgroup1] quit

使能全局 DHCP 功能，并使能接口下的 DHCP 中继功能。

[Relay] dhcp enable
[Relay] interface GigabitEthernet 0/0/1
[Relay-GigabitEthernet0/0/1]dhcp select relay

配置接口绑定 DHCP 服务器组。

[RouterA - Vlanif 100] dhcp relay server - select dhcpgroup1
[RouterA - Vlanif 100] quit

通过以上的配置，PC 就能够通过 DHCP 中继获取到 192.168.1.0/24 网段的 IP 地址。

 任务总结

通过本任务的实施，应掌握下列知识和技能。
(1) 掌握 DHCP 的作用。
(2) 掌握 DHCP 协议的工作原理。
(3) 掌握 DHCP 协议的配置实例。

 习题

1. 请描述主机通过 DHCP 获取 IP 地址的流程。
2. 请描述 DHCP 中继的原理。
3. DHCP 协议的安全隐患有哪些？

162

任务十七 DNS 协议

任务描述

为什么我们输入 www.sina.com.cn 就能进入新浪官网？服务器的 IP 地址和域名到底是一种什么关系？什么是 DNS 系统？下面将讲解这些问题。

DNS 是 Domain Name System（域名系统）的缩写，该系统用于命名组织到域层次结构中的计算机和网络服务。在 Internet 上域名与 IP 地址之间是一对一（或者一对多）的，域名虽然便于人们记忆，但机器之间只能互相认识 IP 地址，它们之间的转换工作称为域名解析，域名解析需要由专门的域名解析服务器来完成，DNS 就是进行域名解析的服务器。你在上网时输入的网址，是通过域名解析系统解析找到了相对应的 IP 地址，这样才能上网。其实，域名的最终指向是 IP。

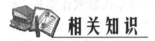

17.1 DNS 协议概述

在 TCP/IP 网络中，IP 地址是网络节点的标识。但是，IP 地址是点分十进制数，比较难记忆。联想到现实生活中，名字比身份证号码更容易被人记住，所以我们是否可以拿名字来标记某个网络节点呢？答案是肯定的。

DNS 是一种利用 TCP/IP 应用程序的分布式数据库，提供域名与 IP 地址之间的转换。本节主要讲述 DNS 的工作原理，希望大家能够掌握。

在 TCP/IP 网络发展初期，人们直接使用 IP 地址来访问网络上的资源。随着网络规模的扩大和网络中所提供服务的增加，需要记住越来越多的 IP 地址。但点分十进制的 IP 地址是难记忆的。所以需要一种能够把 IP 地址与便于记忆的名字关联起来的方法，使人们只要能记住这些名字，就可以访问网络资源。

在 Internet 早期，网络中仅有几百台主机，那时的计算机使用一个叫 Hosts 的文件来实现主机名与 IP 地址之间的映射。Hosts 文件包括主机名和 IP 地址的对应信息。当一台主机需要通过主机名的访问网络上的另外一台主机时，它就会查看本地的 Hosts 文件，从文件中找到相对应的 IP 地址然后进行报文发送。如果在 Hosts 文件中没有关于那台主机名的相关信息，则主机访问将失败。

Hosts 文件是主机的本地文件，它的优点是查找响应速度快。它主要用来存储一些本地网络上的主机名与 IP 地址对应的信息。这样，主机在以主机名访问本地网络主机时，通过本地 Hosts 文件可以迅速获得相应 IP 地址。

每台主机 Hosts 文件都需要手工单独更新，而且几乎没有自动配置。随着 Internet 规模快速增长，维护包含一个大量映射条目的文件的难度越来越大，而且在每台主机间进行经常同步更新几乎是一件不可能完成的任务。

为了解决 Hosts 文件维护困难的问题，20 世纪 80 年代 IETF 发布了域名系统(DNS)。

DNS 域名系统主要解决了因特网上主机名与 IP 地址之间的相互转换，为用户实现多种网络资源的访问提供了必要条件。

DNS 系统采用客户端/服务器模式，DNS 客户端提出查询请求，DNS 服务器负责相应请求。DNS 客户端通过查询 DNS 服务器所获得所需访问主机的 IP 地址信息，进而完成后续的 TCP/IP 通信过程。

DNS 系统是一个具有树状层次结构的、联机分布式数据库系统。1983 年因特网开始使用层次结构的命名树作为主机的名字，树状层次结构的主机名在管理、维护、扩展等方面具有更大的优势。DNS 系统也采用树状层次结构与之对应。

从理论上讲 DNS 可以采用集中式设计，整个因特网只使用一台 DNS 服务器，这台 DNS 服务器包含 Internet 所有主机名与 IP 地址的映射关系。客户端简单地把所有咨询信息发送给这个唯一的名称服务器，该名称服务器则把相应消息返回给查询的主机，这种设计尽管具有诱人的简单性，但是面对 Internet 上大量的主机数量，并且仍然在不断增长，这种方法并不可取。因此，因特网的 DNS 域名系统被设计成为一个联机分布式数据库系统，名字到 IP 地址解析可以由若干个域名服务器共同完成。大部分的名字解析工作可以在本地的域名服务器上完成，效率很高。并且由于 DNS 使用分布式系统，即使单个服务器出现故障，也不会导致整个系统失效，消除了单点故障。

17.2 DNS 域名结构

DNS 域的本质是 Internet 中一种管理范围的划分，最大的域是根域，向下可以划分为顶级域、二级域、三级域、四级域等，如图 17-1 所示。相对应的域名是根域名、二级域名、三

图 17-1 Internet 域名结构图

级域名等。不同等级的域名之间使用点号分割,级别最低的域名写在最左边,而级别最高的域名则写在最右边。如域名 www.abc.com 中,com 为顶级域名,abc 为二级域名,而 www 则表示二级域名中的主机。

每一级的域名都由英文字母和数字组成,域名不区分大小写,但是长度不能超过 63 字节,一个完整的域名不能超过 255 字节。根域名用"."(点)表示。如果一个域名以点结尾,那么这种域名我们称为完全合格域名(Full Qualified Domain Name,FQDN)。接入因特网的主机、服务器或其他网络设备都可以拥有一个唯一的完全合格域名。

17.3 DNS 域名解析过程

图 17-2 是一个完整的 DNS 域名解析示例。DNS 客户端进行域名 www.huawei.com.cn 的解析过程如下:

(1) DNS 客户端向本地域名服务器发送请求,查询 www.huawei.com.cn 主机的 IP 地址。每个因特网服务提供商或者一个大的网络机构都可以拥有一台或者多台可以自行管理的域名服务器,这类域名服务器称为本地域名服务器。

(2) 本地域名服务器检查其数据库,发现数据库中没有域名为 www.huawei.com.cn 的主机,于是将请求发送给根域名服务器。

(3) 根域名服务器查询其数据库,发现没有该主机记录,但是根域名服务器知道能够解析该域名的 cn 域名服务器的地址,于是将 cn 域名服务器的地址返回给本地域名服务器。

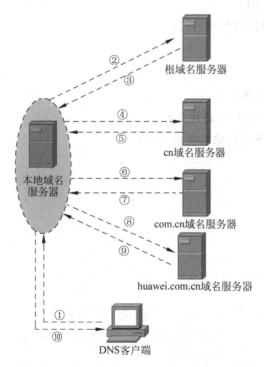

图 17-2 DNS 工作原理图

（4）本地域名服务器向 cn 域名服务器查询 www.huawei.com.cn 主机的 IP 地址。

（5）cn 域名服务器查询其数据库，发现没有该主机记录，但是 cn 域名服务器知道能够解析该域名的 com.cn 域名服务器的地址，于是将 com.cn 的域名服务器的地址返回给本地域名服务器。

（6）本地域名服务器再向 com.cn 域名服务器查询 www.huawei.com.cn 主机 IP 地址。

（7）com.cn 域名服务器查询其数据库，发现没有该主机记录，但是 com.cn 域名服务器知道能够解析该域名的 huawei.com.cn 域名服务器的 IP 地址，于是将 huawei.com.cn 域名服务器的 IP 地址返回给本地域名服务器。

（8）本地域名服务器向 huawei.com.cn 域名服务器查询 www.huawei.com.cn 主机的 IP 地址请求。

（9）huawei.com.cn 域名服务器查询其数据库，发现有该主机记录，于是给本地域名服务器返回"www.huawei.com.cn"所对应的 IP 地址。

（10）最后本地域名服务器将 www.huawei.com.cn 的 IP 地址返回给客户端。至此，整个解析过程完成。

 任务总结

通过本任务的实施，应掌握下列知识和技能。
（1）掌握为什么输入网址就能打开网页。
（2）掌握 DNS 的作用。
（3）掌握 DNS 是如何解析域名的。

 习题

1. 请描述 DNS 协议的作用。
2. DNS 协议常用的端口号是什么？
3. 请描述通过 DNS 进行地址解析的流程。

任务十八 FTP/TFTP 协议

任务描述

在互联网中我们经常需要在远程主机和本地服务器之间传输文件,文件传输协议提供的应用服务满足了我们的这种需求。FTP 是互联网上文件传输的标准协议,FTP 使用 TCP 作为传输协议。互联网上另一个文件传输协议是 TFTP,TFTP 是一种简单的文件传输协议,不支持用户的登录认证,也不具备负责的命令。TFTP 使用 UDP 作为传输协议,并具有重传机制。下面我们将对这两种协议进行介绍。

相关知识

18.1 FTP/TFTP 协议概述

文件传输协议使得主机间可以共享文件。FTP 使用 TCP 生成一个虚拟连接用于控制信息,然后再生成一个单独的 TCP 连接用于数据传输。控制连接使用类似 Telnet 协议在主机间交换命令和消息。文件传输协议是 TCP/IP 网络上两台计算机传送文件的协议,FTP 是在 TCP/IP 网络和 Internet 上最早使用的协议之一,它属于网络协议组的应用层。FTP 客户机可以给服务器发出命令来下载文件,上传文件,创建或改变服务器上的目录。

TFTP(Trivial File Transfer Protocol,简单文件传输协议)是 TCP/IP 协议族中的一个用来在客户机与服务器之间进行简单文件传输的协议,提供不复杂、开销不大的文件传输服务。端口号为 69。

18.1.1 FTP 协议介绍

FTP 用于在远端服务器和本地主机之间传输文件,是 IP 网络上传输文件的通用协议。在万维网(World Wide Web,WWW)出现以前,用户使用命令行方式传输文件,最通用的应用程序就是 FTP。目前大多数用户在通常情况下选择使用 E-mail 和 Web 传输文件,但是 FTP 仍然有着比较广泛的应用。

FTP(File Transfer Protocol)在 TCP/IP 协议族中属于应用层协议,是文件传输的 Internet 标准。主要功能是向用户提供本地和远程主机之间的文件传输,尤其在进行版本升级、日志下载、文件传输和配置保存等业务操作时,广泛地使用 FTP 功能。FTP 协议基于相应的文件系统实现。

FTP除了完成文件传输基本功能外,同时还提供了交互存取、格式规范和验证控制等超出传输功能的配置功能。

FTP实现主机间文件的传输,并提供常用的文件操作命令,供用户进行文件系统的简单管理。客户可以利用路由器外部的FTP客户端程序与路由器进行文件的上传、下载和目录访问等操作;还可以使用路由器内部的FTP客户端程序与其他路由器或其他设备的FTP服务器端的程序进行文件传输。

通过FTP进行文件传输时,需要在服务器和客户端之间建立两个TCP连接:FTP控制连接和FTP数据连接。FTP控制连接负责FTP客户端和FTP服务器之间交互FTP控制命令和命令执行的应答消息,在整个FTP会话过程中一直保持打开;而FTP数据连接负责在FTP客户端和服务器之间进行文件和文件列表的传输,仅在需要传输数据的时候建立数据连接,数据传输完毕后终止。

18.1.2 FTP中的连接

FTP采用2个TCP连接来传输文件,文件传输的处理过程如图18-1所示。

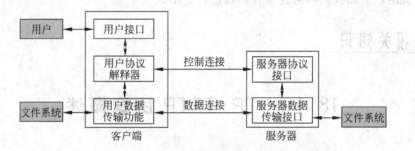

图18-1 文件传输的处理过程

1. 控制连接

以客户端/服务器方式建立。服务器以被动方式打开用于FTP的公共端口21,等待客户端来连接;客户端则以主动方式打开公共端口21,发起连接的建立请求。

控制连接始终等待客户端和服务器之间的通信,并且将相关命令从客户端传送给服务器,同时将服务器的应答传送给客户端。

2. 数据连接

服务器的数据连接端常用端口20。服务器执行主动打开数据连接,通常也执行主动关闭数据连接,但是,当客户端向服务器发送流形式的文件时,则需要客户端关闭数据连接。

FTP中传输方式是流方式,并且文件结尾以关闭数据连接为标志,所以对每一个文件传输或目录列表来说,都要建立一个全新的数据连接。因此,当一个文件在客户端与服务器之间传输时,一个数据连接就建立起来了。

18.1.3 FTP数据传输方式

在FTP数据连接过程中,有两种传输方式:主动方式和被动方式。

1. 主动方式

FTP主动传输方式也称为PORT方式(见图18-2),是FTP协议最初定义的数据传输方式。采用主动方式建立数据连接时,FTP 客户端会通过 FTP 控制连接向 FTP 服务器发送 PORT 命令,PORT 命令中携带客户端的 IP 地址和临时端口号。当需要传送数据时,服务器通过 TCP 端口号 20 与客户端提供的临时端口建立数据传输通道,完成数据传输。在整个过程中,由于服务器在建立数据连接时主动发起连接,因此被称为主动方式。下面,我们看一下主动方式建立连接的过程。

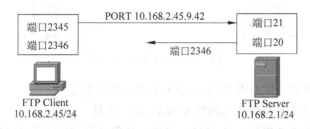

图 18-2　FTP PORT 方式

（1）服务器以被动方式打开端口 21 启动监听,等待连接。
（2）客户端主动发起控制连接的建立请求,建立连接。
（3）客户端用于控制连接的临时端口 2345,与服务器 21 号端口之间的控制连接建立完毕。
（4）客户端发起建立数据连接的命令。
（5）客户端为该数据连接选择一个临时端口号（9×256+42=2346）,并且使用 PORT 命令通过控制连接把端口号发送给服务器。
（6）服务器通过控制连接的接收端口号,向客户端发布一个主动的数据连接的打开。
（7）客户端用于数据连接的临时端口 2346,与服务器的 20 端口之间的数据连接建立完毕。

【注意】　PORT 命令中携带如下格式的参数（A1、A2、A3、A4、P1、P2）,其中 A1、A2、A3、A4 表示需要建立数据的主机的 IP 地址,P1 和 P2 表示客户端用于传输数据的临时端口号,临时端口号数值为 256×P1+P2。

2. 被动方式

如果客户端处于防火墙的内部,主动方式可能会遇到问题。因为客户端提供的端口号是随机的,防火墙不知道。而为了安全起见,通常防火墙只会允许外部主机访问部分内部已知端口,阻断对内部随机端口的访问,从而造成无法建立 FTP 数据连接。此时,需要使用 FTP 被动方式来进行传输。

被动方式也称为 PASV 方式（见图 18-3）。FTP 控制通道建立后,希望通过被动方式建立数据传输通道的 FTP 端会利用控制通道向 FTP 服务器发送 PASV 命令,告诉服务器进入被动方式传输。服务器选择临时端口并告知客户端,应答报文中携带服务器的 IP 地址和临时端口号。当需要传送数据时,客户端主动与服务器的临时端口建立数据传输通道,并完成数据传输。在整个过程中,由于服务器总是被动接收客户端的数据连接,因此被称为被动方式。

采用被动方式时,两个连接都是由客户端发起。一般防火墙不会限制从内部的客户端发出的连接,所以这样就解决了在主动方式下防火墙组织外部发起的连接而造成无法进行数据传输的问题。下面,我们看一下被动方式建立连接的过程。

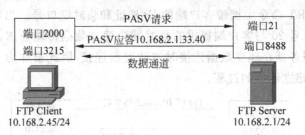

图 18-3　FTP PASV 方式

(1)服务器以被动方式打开端口 21 启动监听,等待连接。
(2)客户端主动发起控制连接的建立请求,建立连接。
(3)客户端用于控制连接的临时端口 2000,与服务器 21 号端口之间的控制连接建立完毕。
(4)客户端发起建立数据连接的命令,向服务器发送 PASV 指令,告诉服务器进入被动模式。
(5)服务器端为该数据连接选择一个临时端口号($33 \times 256 + 40 = 8488$),并通过 PASV 应答通告给客户端。
(6)客户端通过临时端口 3215 向服务器端发起起数据连接的请求,目的端口为 8488。
(7)服务器用于数据连接的临时端口 8488,与客户端的临时端口 3215 端口之间的数据连接建立完毕。

18.1.4　TFTP 协议介绍

TFTP(Trivial File Transfer Protocol,简单文件传输协议)也是用于在远端服务器和本地主机之间传输文件的,相对于 FTP,TFTP 没有复杂的交互存取接口和认证控制,适用于服务器和客户端之间不需要复杂的交互环境。

TFTP 采用客户端/服务器设计方式,承载在 UDP 协议上,TFTP 服务器使用众所周知的端口号 69 侦听 TFTP 连接。TFTP 能提供简单的文件传输能力,包括文件的上传和下载。TFTP 不像 FTP 那样拥有一个庞大的命令集,不支持文件目录列表的功能,也不支持对用户的身份验证和授权。

TFTP 协议传输是由客户端发起的。当客户端需要下载文件时,由客户端向 TFTP 服务器发送读请求包,然后从服务器接收数据,并向服务器发送确认;当需要上传文件时,由客户端向 TFTP 服务器发送写请求包,然后向服务器发送数据,并接收服务器的确认。

18.1.5　TFTP 数据传输过程

TFTP 进行文件传输时,将待传输文件看成由多个连续的文件块组成。每一个 TFTP 数据报文中包含一个文件块,同时对应一个文件块编号。每次发完一个文件块后,就等待对方的确认。确认时应指明所确认的块编号。发送方发完数据后如果在规定的时间内收不到对端的确认,那么发送方就要重新发送数据。发送确认的一方如果在规定时间内没有收到下一个文件块数据,则重发确认报文。这种方式可以确保文件的发送不会因某一数据的丢失而失败。

每一次 TFTP 发送的数据报文中包含的文件块大小固定为 512 字节,如果文件长度恰好是 512 字节的整数倍,那么在文件传送完毕后,发送方还必须在最后发送一个不包含数据的数据报文,用来表明文件传输完毕。如果文件长度不是 512 字节的整数倍,那么最后传送的数据报文所包含的文件块肯定小于 512 字节,这正好作为文件结束的标志。

TFTP 的文件传输过程以 TFTP 客户端向 TFTP 服务器发送一个读请求或者写请求开始。读请求表示 TFTP 客户端需要从 TFTP 服务器下载文件,写请求表示客户端需要向服务器上传文件。如图 18-4 所示为 TFTP 下载文件过程,如图 18-5 所示为 TFTP 上传文件过程。

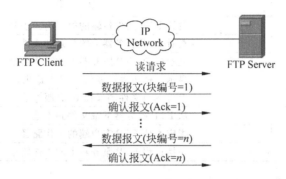

图 18-4　TFTP 下载文件过程

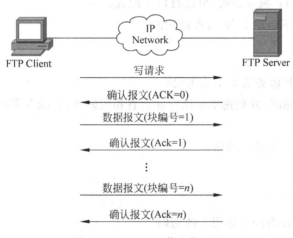

图 18-5　TFTP 上传文件过程

18.2　FTP/TFTP 配置

18.2.1　FTP 配置

路由器可以作为 FTP 客户端也可以作为服务器端,下面分别介绍。

1. 路由器作为 FTP 客户端

在用户视图下用以下命令来登录远程 FTP 服务器。

`FTP[ server-address ]`

在登录到 FTP 服务器后,可以通过 get 和 put 命令来进行文件的下载和上传,也可以通过 ls 命令来查看服务器上的目录和文件。

常见的 FTP 命令如表 18-1 所示。

表 18-1 常见的 FTP 命令

命 令	操 作
binary	设置 FTP 文件传输的模式为二进制流模式
ls [remote file]	查看 FTP 服务器上的目录和文件
pwd	显示远程 FTP 服务器上的工作目录
hash	显示文件传输进度(在 PC 上适用)
put [local file]	上传本地文件到远程 FTP 服务器
get [remote file]	从 FTP 服务器下载文件到本地
lcd pathname	指定本地 FTP 客户端的工作路径
cd pathname	切换远程 FTP 服务器上的工作路径

2. 路由器作为 FTP 服务器

当路由器作为 FTP 服务器时,可进行以下配置。

(1) 在系统视图下启动 FTP 服务器功能。

`ftp server enable`

默认情况下,FTP 服务器处于关闭状态。

(2) 启用 AAA 功能,并创建本地用户并设置相应的密码、服务类型、权限级别、FTP 授权目录等参数。

进入 AAA 视图并创建本地用户。

`aaa`
`local-user user - name`

在 aaa 视图下设置当前本地用户的密码。

`local-user user - name password{simple | cipher}password`

在 aaa 视图下设置服务类型并指定可访问的目录。

`local-user user - name server - type ftp`
`local-user user - name ftp - directory flash`

在 aaa 视图下设置本地用户的权限和级别。

`local-user user - name privilege level level`

默认情况下,FTP 用户的权限级别为 0。

18.2.2 TFTP 配置

路由器 TFTP 服务器功能默认是开启的,由于 TFTP 不需要对客户端进行验证和授权,因此配置命令主要在客户端上。下面我们看一下 TFTP 客户端上的配置方法。

tftp *server-address*{ **get** | **put** | **sget** }*source-filename*[*destination-filename*]
[**source**{**ip** *source-ip-address* | **interface** *interface-type interface-number*}]

其中,参数含义如下。
- server-address:TFTP 服务器的 IP 地址或主机名。
- source-filename:源文件名。
- destination-filename:目标文件名。
- get:表示普通下载文件操作。
- put:表示上传文件操作。
- sget:表示安全下载文件操作。
- ip source-ip-address:当前 TFTP 客户端发送报文所使用的源地址。
- interface interface-type interface-number:当前 TFTP 客户端传输使用源端口,包括接口的类型和接口编号。此接口配置的主 IP 地址即为发送报文的源地址。

任务总结

通过本任务的实施,应掌握下列知识和技能。
(1) 掌握 FTP 和 TFTP 的工作过程和原理。
(2) 掌握 FTP 服务器的架设。
(3) 掌握 TFTP 服务器的架设。
(4) 使用 FTP 服务器传输文件。

习题

1. 请描述 FTP 建立连接的流程。
2. FTP 协议客户端和服务器分别采用怎样的端口号?
3. FTP 协议与 TFTP 分别基于传输层什么协议?

任务十九　HTTP 协议

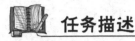

客户端和 Web 服务器之间是如何传递信息的？为什么网页可以浏览文本也可以观看视频？超文本传输协议（HTTP）是一种详细规定了浏览器和万维网服务器之间互相通信的规则，通过因特网传送万维网文档数据的传送协议。

19.1　Web 概述

WWW（World Wide Web）中文称为万维网，是一个基于 Internet 的、全球连接的、分布的、动态的、多平台的交互式图形平台，综合了信息发布技术和超文本技术的信息系统。WWW 为用户提供了一个基于浏览器/服务器模式和多媒体技术的图形化信息查询界面。

在 WWW 工作过程中，用户使用本地计算机的浏览器，通过 Internet 访问分布在世界各地的 WWW 服务器，进而从服务器获得文本、图片、视频、音频等各种各样的服务资源。

WWW 服务器上的 Web 页面一般采用 HTML 语言编写。HTML 由本地浏览器解释，并将 Web 页面在浏览器中显示出来。

超文本标记语言（HyperText Markup Language，HTML）是一种专门用于描述、建立存储在 WWW 服务器上的超文本文件的编程语言。HTML 文本是由 HTML 命令组成的描述型文本，HTML 命令可以说明文字、图形、动画、声音、表格、链接等对象。HTML 必须使用特定的程序即 Web 浏览器翻译和执行。

19.2　HTTP 协议概述

HTTP 是 HyperText Transfer Protocol（超文本传输协议）的简称。它用来在 Internet 上传递 Web 页面信息。HTTP 位于 TCP/IP 协议栈的应用层。传输层采用面向连接的 TCP 协议。

在浏览器的地址栏里输入的网站地址叫做 URL（Uniform Resource Locator，统一资源定位符)。

就像每家每户都有一个门牌地址一样,每个 Web 页面也都有一个 Internet 地址。当用户在浏览器的地址中输入一个 URL 或者在网页上单击一个超链接时,URL 就确定了要浏览的 Web 页面地址。

URL 的一般格式为:

HTTP://<主机名>[:端口]/<路径>/<文件名>

例如：http://www.xunfang.com/cn/services/hw-087878.htm。它表示浏览器请求查看 WWW 服务器根目录下的 Services 目录下的页面文件 hw-087878.htm(该目录可以是在本机上,也可以是在局域网的其他主机上)。

WWW 服务的默认端口号为 80。如果 WWW 服务器在配置时,修改了默认端口号,则需要在 URL 中指明端口号。例如 WWW 服务器将端口号重新设定为 8080,则相应的在客户端浏览器上输入的 URL 应该为:

http://www.xunfang.com/cn/services/hw-087878.htm:8080

HTTP 采用客户端/服务器的通信模式。客户端和服务器之间的信息交互过程如下:
(1) 在客户端与服务器之间建立 TCP 连接,通常情况下端口号为 80。
(2) 客户端向服务器发送请求消息。
(3) 服务器处理客户端请求后,回复响应消息给客户端。
(4) 关闭客户端与服务器之间的 TCP 连接。

 任务总结

通过本任务的实施,应掌握下列知识和技能。
(1) 掌握 WWW 的概念。
(2) 掌握 HTTP 协议原理及其作用。

 习题

1. HTTP 协议对应的端口号是多少？能否修改？
2. HTTP 协议是基于传输层什么协议封装的？

任务二十 SMTP/POP3 协议

任务描述

电子邮件是一种用电子手段提供信息交换的通信方式，是互联网应用最广的服务。通过网络的电子邮件系统，用户可以以非常低廉的价格（不管发送到哪里，都只需负担网费）、非常快速的方式（几秒钟之内可以发送到世界上任何指定的目的地），与世界上任何一个角落的网络用户联系。

电子邮件可以是文字、图像、声音等多种形式。同时，用户可以得到大量免费的新闻、专题邮件，并实现轻松的信息搜索。电子邮件的存在极大地方便了人与人之间的沟通与交流，促进了社会的发展。那么电子邮件是如何实现的呢？接下来我们将对电子邮件的两个协议 SMTP 和 POP3 进行介绍。

相关知识

20.1 电子邮件概述

电子邮件可支持各种格式，包括文字、图像、声音等。

电子邮件地址的格式是"user@server.com"，由三部分组成。第一部分"user"代表用户的邮箱账号，对于同一个邮件服务器来说，这个账号必须是唯一的；第二部分"@"是分隔符；第三部分"server.com"是用户邮箱的邮件服务器的域名，用于标志其所在的位置。

电子邮件的工作过程是基于客户端/服务器模式。用户在电子邮件客户端程序上进行创建、编辑等工作，并将编辑好的电子邮件通过 SMTP 协议向本方邮件服务器发送。本方邮件服务器识别接收方的地址，并通过 SMTP 协议向接收方邮件服务器发送。接收方通过邮件客户端程序连接到邮件服务器后，使用 POP3 或 IMAP 协议来将这个邮件下载到本地或者在线查看、编辑等。

20.2 SMTP 协议

SMTP（Simple Mail Transfer Protocol）即简单邮件传输协议，它是一组用于由源地址到目的地址传送邮件的规则，由它来控制信件的中转方式。SMTP 协议属于 TCP/IP 协议族,它帮助每台计算机在发送或中转信件时找到下一个目的地。通过 SMTP 协议所指定的服务器,就可以把 E-mail 寄到收信人的服务器上了,整个过程只要几分钟。SMTP 服务器则是遵循 SMTP 协议的发送邮件服务器,用来发送或中转发出的电子邮件。

20.3 POP3 协议

POP3(Post Office Protocol 3)即邮局协议的第 3 个版本,它是规定个人计算机如何连接到互联网上的邮件服务器进行收发邮件的协议。它是因特网电子邮件的第一个离线协议标准,POP3 协议允许用户从服务器上把邮件存储到本地主机(即自己的计算机)上,同时根据客户端的操作删除或保存在邮件服务器上的邮件,而 POP3 服务器则是遵循 POP3 协议的接收邮件服务器,用来接收电子邮件。POP3 协议是 TCP/IP 协议族中的一员,由 RFC 1939 定义。本协议主要用于支持使用客户端远程管理在服务器上的电子邮件。

 任务实施

下面进行在 Windows XP 环境下使用 Outlook Express 配置 POP3 和 SMTP 服务器的介绍。

(1) 打开 Outlook Express,单击"工具"→"账户"命令,在打开的界面中设置邮件账户,如图 20-1 所示。

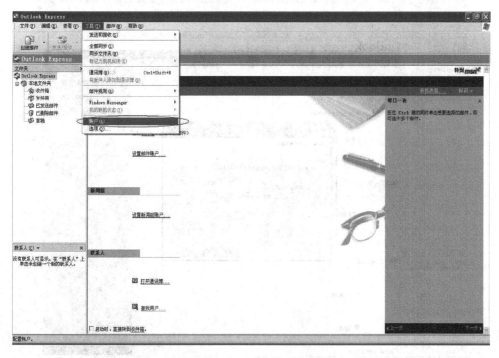

图 20-1 设置邮件账户(1)

(2) 在打开的对话框中选择"添加"→"邮件"命令,如图20-2所示。

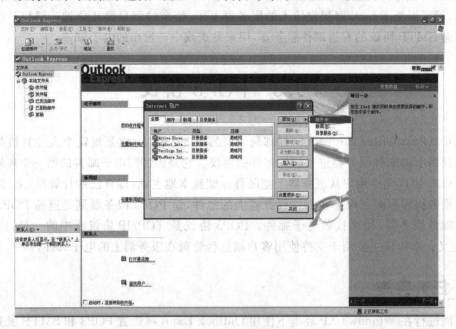

图20-2 设置邮件账户(2)

(3) 根据连接向导,添加"显示名"、"邮件地址",如图20-3所示。

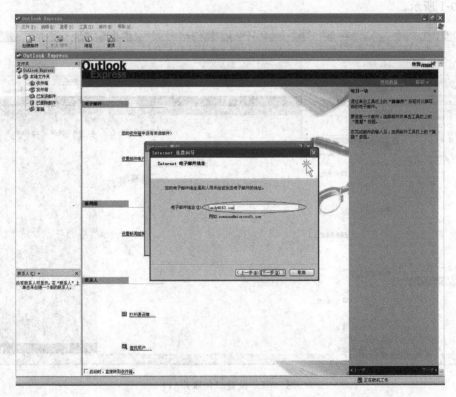

图20-3 设置邮件账户(3)

(4)根据连接向导,添加"POP3 服务器地址"、"SMTP 服务器地址",如图 20-4 所示。

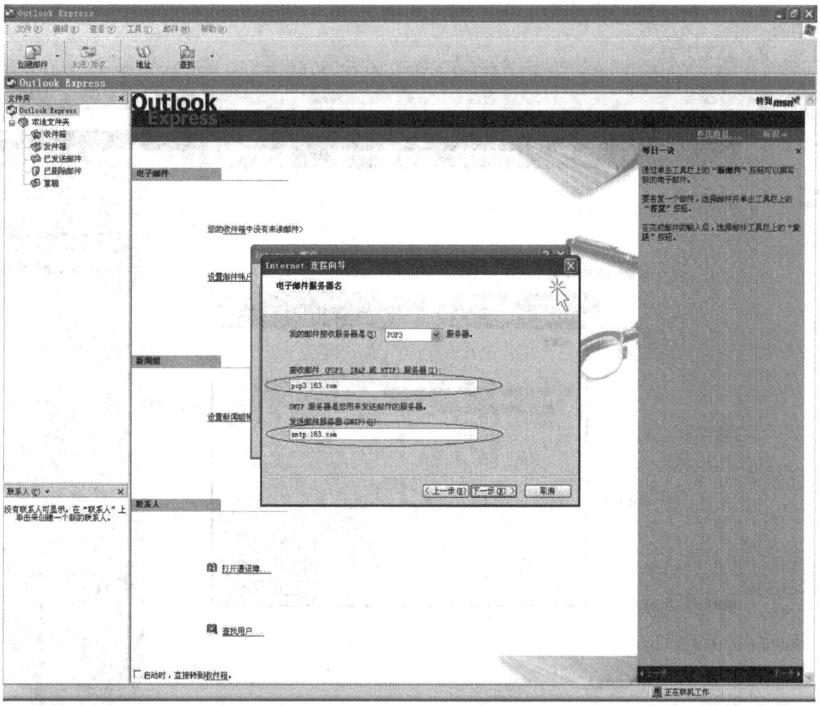

图 20-4 设置邮件账户(4)

(5)根据连接向导,添些"邮件用户名信息",如图 20-5 所示。

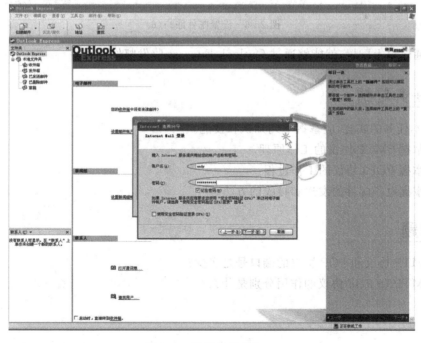

图 20-5 设置邮件账户(5)

(6) 完成设置，如图 20-6 所示。

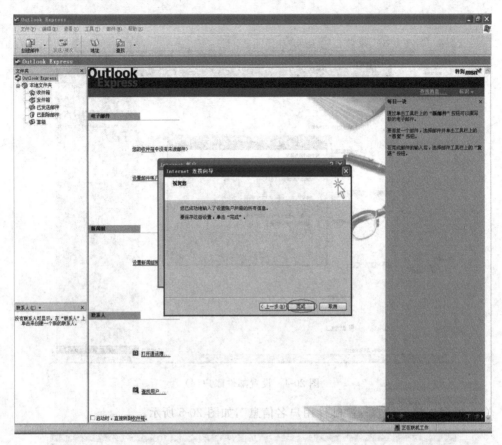

图 20-6　设置邮件账户(6)

(7) 通过以上配置，就能够通过 Outlook Express 收发邮件了。

 任务总结

通过本任务的实施，应掌握下列知识和技能。
(1) 掌握 SMTP 协议的工作原理。
(2) 掌握 POP3 协议的工作过程。
(3) 掌握电子邮件的发送和接收的方法。

 习题

1. SMTP 协议和 POP 协议的端口号是多少？
2. SMTP 和 POP 协议的作用分别是什么？

参 考 文 献

[1] 梁正友.地方性大学网络工程专业的课程体系初探[J].广西大学学报(自然科学版),2006(1).
[2] 杨文安,等.计算机网络工程虚拟实验室系统的构建[J].徐州建筑职业技术学院学报,2005(3).
[3] 鲍振忠.浅谈网络工程实用人才培养的模式与策略[J].硅谷,2010(23).
[4] 肖小玲,王祖荣.网络工程专业的课程体系探讨——以长江大学计算机科学学院为例[J].长江大学学报(自然科学版)理工卷,2010(3).
[5] 高媛.培养网络工程能力的实践教学改革[J].中国电力教育,2011(7).
[6] 荣秋生.新形势下网络工程专业实践教学体系架构初探[J].中国电力教育,2010(31).
[7] 张照捷,及延辉.FMS中网络工程的安全性[J].航空制造技术,1994(6).
[8] 赵成林.安全技术在网络工程中的应用研究[J].硅谷,2010(6).
[9] 姚永雷,马利.网络工程专业"计算机网络"课程教学研究[J].中国电力教育,2009(5).
[10] 杨洪波.CIOM Intranet和CAD网络工程设计[J].光学精密工程,1997(6).